谨以此书

致敬中国极地考察40周年

北京华景时代文化传媒有限公司 出品

极地探秘

张建松 著

北京联合出版公司
Beijing United Publishing Co.,Ltd.

图书在版编目（CIP）数据

极地探秘 / 张建松著 . -- 北京 : 北京联合出版公
司 , 2024.6. -- ISBN 978-7-5596-7678-8

Ⅰ . P941.6-49

中国国家版本馆 CIP 数据核字第 2024UW8615 号

极地探秘

作　　者：张建松
出 品 人：赵红仕
策划编辑：高　燕
责任编辑：高霁月
营销编辑：张　楠
视频提供：阿明戈
整体设计：倪华楠
责任编审：赵　娜

北京联合出版公司出版
（北京市西城区德外大街 83 号楼 9 层　100088）
北京华景时代文化传媒有限公司发行
北京中科印刷有限公司印刷　　新华书店经销
字数 210 千字　　710 毫米 ×1000 毫米　　1/16　　17 印张
2024 年 6 月第 1 版　　2024 年 6 月第 1 次印刷
ISBN 978-7-5596-7678-8
定价：78.00 元

自序

　　1997 年，我成为新华社上海分社记者，第一次到自然资源部中国极地研究中心（当时名称是中国极地研究所）采访，神秘、孤独、绝美、纯洁的南极，唤起了我心中无限的向往。从此，去看一看那里的世界，成为我的梦想。

　　2007 年 11 月，我作为新华社历史上第一位赴南极采访的女记者，参加了中国第 24 次南极科学考察。那次考察历时 156 天，我们乘坐"雪龙"号横跨太平洋、印度洋、大西洋、南大洋，四次穿越西风带"鬼门关"，往返于以凶险著称的德雷克海峡，多次遭遇西风带强气旋的"围追堵截"，此次航程 28450 海里，相当于环绕地球航行一周。

　　那是一段充满激情的人生历程，是我成为新华社记者以来最快乐、最单纯、最过瘾的一段难忘时光，鼓励我在此后的记者道路上，一直坚守在新闻一线，奋勇前行。

　　去过南极之后，如果还有机会去北极采访，任何人都不会放弃。2010 年 7 月，我跟随中国第 4 次北极科学考察队前往北冰洋。那次考察历时 82 天，我们乘坐"雪龙"号在茫茫大海上航行近 13000 海里，南北纵贯 2300 海里，东西横跨 1100 海里。从白令海、白令海峡、楚科奇海、加拿大海盆，到门捷列夫海脊、弗莱彻深海平原海域，"雪龙"号最北抵

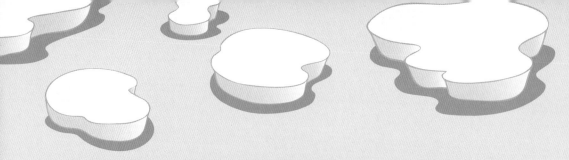

达北纬 88 度 26 分，创造了中国北极考察史和航海史上多项新纪录。

在那次考察中，我和部分考察队员乘坐直升机抵达了北极点。那是我国北极科学考察队第一次抵达北极点，我也有幸成为新华社历史上第一位抵达北极点采访的女记者。

2013 年 11 月，我参加了中国第 30 次南极科学考察，亲历了中国极地科学考察史上一段令人难忘的科考传奇。

在那次考察中，南极科学考察队不仅成功建设了中国南极泰山站，圆满完成中国船舶首次环南极考察航行，抵达当时中国船舶所到的最南纬度——南纬 75 度 20 分，还成功救援俄罗斯在南极遇险的"绍卡利斯基院士"号人员，自身被困于重冰区，最终依靠坚强的意志、过硬的航海技术成功突围。

这是一段跌宕起伏、惊心动魄的科考传奇，堪比好莱坞大片，在我的人生中留下了一段极为难忘的记忆。

2023 年 9 月，中国第 13 次北冰洋科学考察队搭乘"雪龙 2"号极地科考破冰船，在作业期间抵达北纬 90 度的北极点区域，这是我国船舶第一次抵达北极点。

认识极地、利用极地、保护极地，是我国极地科学考察的任务，也是我不畏艰险执着去极地采访的初心。本书集纳了我在南北极的见闻，也集纳了一名国家通讯社记者对极地治理的关注与思考。

在我国 40 年英雄史诗般的极地科学考察中，我的记录仅是沧海一粟、冰山一角！感谢你翻开本书，与我一起前往神秘的地球南极和北极，探寻我们人类家园"空调冷凝器"的科学奥秘，和我一起分享曾经发生在世界尽头的科考传奇。

希望我眼中的极地之美能带给你无尽遐思，更希望引起你关注的是：地球南北两极对我们是何等重要！

　　极地，这个地球上最神秘、最纯净的地方，是我们共同的自然遗产。随着全球气候变化和人类活动的增加，极地环境面临巨大的挑战。我写这本书的初衷，是向青少年介绍极地知识，所以我收集了大量资料，以"极地课堂"的形式介绍极地的自然生态、环境，以及我们的科研进程。我想告诉青少年，极地探秘的过程充满了风险挑战，极地为科学家提供了研究的场所，科学研究的过程充满了艰辛；我还想告诉青少年，极地探险不是探险家能够完成的，而是需要很多人参与，包括科学家、工程师、医生、摄影师、技术人员、厨师等，各个角色都发挥着重要的作用，需要大家共同努力和协作，才能完成任务，也意味着每个人都需要担当、奉献和付出！作为极地考察队的记者，我尽力在书中展现他们勇敢无畏、越是艰险越向前的精神，同时也展现他们积极乐观、丰富细腻的情感世界，让青少年感受到他们既是超人，也是有血有肉的普通人！当然，我最大的愿望是希望本书能够激发青少年的好奇心和冒险精神，提高科学素养，增强环保意识，为人类的极地事业做出新的贡献！

目录

南极篇

北极篇

历险篇

极地中国红

附录　中国极地考察主要进程图
　　　　3次科学考察路线示意图

南极篇

　　"我不曾想象过天堂的模样。但是南极的大自然以它丰富的想象力,为我做了一次虚拟实境。而我几乎就要相信,如果有天堂,它应该与这样的场景和感觉最接近……"一位外国作家曾这样描述南极。

　　到了南极,我才真切感受到这种天堂般的美丽。尽管去之前我看过许多南极的照片,然而当我双脚踏上南极的土地,真正置身原始、恢宏的南极洲,才真切地感受到如史诗般壮美的风光赋予我的激情与震撼。

　　从南极归来,朋友们问我最多的问题是:"南极怎么样?"我的回答都是:"那里是地球上最美的地方,也是地球上最险的地方!"

乘坐"雪龙"去南极

　　在灰白色"老冰"与洁白的"新冰"交织密布的南大洋，红白相间的"雪龙"号破冰前行，矫健的身姿在冰封的洋面上划出一道优美的弧线。跟随"雪龙"号，我们顺利到达了冰封的南极世界。

❄ "雪龙"号破冰前行

"雪龙"号上的衣食住行

去南北极采访，我都乘坐"雪龙"号，住在513房间。这间房面向船头，房间比较小，有张上下两层的床，还有一张桌子、一张长沙发、一个卫生间和三个衣橱，布局紧凑。考察队实行半军事化管理，各项工作和日常生活紧张有序。

每天清晨，我醒来的第一件事就是掀开舷窗窗帘的一角，看看"雪龙"号在大海上航行的景象。她那红白辉映的美丽身姿，好似一片深秋的红叶，漂浮在湛蓝的茫茫大海中。对这条船，我满是眷恋。世界各国的科考船性能比"雪龙"号先进的也许有很多，但舒适度比"雪龙"号高的却不多。

长达几个月的海上生活，"船民"们吃得怎么样？

"雪龙"号上有两个餐厅，船员和部分考察队员在类似咖啡吧的第一餐厅就餐，大部分考察队员在宽敞明亮的第二餐厅就餐。上午7:15至8:00是早餐时间，每天都会有两种营养粥、四种点心、两种酱菜，此外每人还有一颗鸡蛋、一盒牛奶或豆奶。中餐和晚餐起码是四菜一汤，四菜一般是两大荤、一小荤、一个蔬菜，啤酒、可乐等饮料敞开供应。开航后，晚上11:30还有夜宵供应。

为保证考察队员的菜谱十天不重样，船上携带了近400种食品。例如，每天除了白米粥外，还轮流供应皮蛋粥、燕麦粥、小麦粥、红枣粥、玉米粥等，点心则有包子、花卷、麻球、油条、粽子、红薯、葱油饼、烙饼、大肉饼等众多品种。

　　船在海上航行，淡水储备尤为宝贵。船上用水分为三类，饮用水和生活用水分别装在不同的水舱，船行至澳大利亚时还要进行补给，每层甲板和餐厅都有自动饮水机；还有一种维持船平衡的"压舱水"，主要是上海黄浦江水和海水。

　　南极自然环境特殊，对服装的要求特别高，不同考察队员承担的任务不同，所发的服装也不尽相同。

　　队员从国内出发到考察站的途中，以及在考察站期间生活所穿的队服，主要是一套红色的防风衣和黑色的防风裤、一套蓝色的抓绒衣裤和一套速干衣裤。在考察站户外工作时，穿的是橘黄色的企鹅上衣、企鹅裤或企鹅连体服。此外还有一种企鹅反光工作服，主要是在船上小艇作业时穿。对于考察内陆队员和长城站、中山站的越冬队员，还会发放特别耐寒的内胆衣裤或连体服。

　　此外，在南极强烈的紫外线辐射下工作，考察队员需要将脸、手和脚重点保护好。为此给每名考察队员都配备了帽子、墨镜、手套、工作皮鞋、防水鞋、保暖袜以及护肤用品等。

　　海上航行，安全最为重要。"雪龙"号起航后的第一件大事，就是召集全体考察队员参加消防救生演习。

　　一天中午，船上广播里传来一声声急促的"嘟嘟嘟"报警信号，消防救生演习开始了。当时，我正在海洋实验室采访，听到警报后，我像军人听到军令，以百米冲刺的速度奔回宿舍，按规范穿上救生衣，戴上安全帽，抓起相机到艇甲板集合。训练有素的船员们早已各就各位，带着我们集中到艇甲板的左右两舷，逐个点名，认真做登艇弃船的预演。

"雪龙"号艇甲板左右两舷分别有一艘救生艇，每艘艇能乘坐 66 人。此外，船上还携带了 9 个 10 人坐的救生筏、4 个 20 人坐的救生筏以及两个 25 人坐的救生筏，救生设施的配置高于国际标准。

"雪龙"号配备的消防器材十分齐全，采用了 4 套固定式灭火器；在货舱等处安装了自动感温、感烟的水喷淋灭火系统；在机舱、船头等关键部位安装了高压二氧化碳和低压二氧化碳灭火系统；在船尾和直升机库等处还有惰性气体灭火系统。此外，在船舶各处还放置了 200 多个便携式灭火器。

互联网时代，船上的生活并不枯燥。当年还没有 Wi-Fi（移动热点），"雪龙"号的局域网很受欢迎。每天的天气预报、航行动态一目了然，还开设了"雪龙生活""内陆队""中山站""长城站""大洋队""综合队"等几个论坛，许多人在专题上踊跃跟帖，大家在线上沟通交流。

考察队员还将优质的影视剧上传到雪龙网的 FTP（文件传输协议）服务器给大家分享。

此外，船上图书馆、乒乓球室、篮球场、健身房、游泳池等也一应俱全，甚至还有一个小酒吧！

过赤道

一切准备就绪。在位于上海的中国极地考察国内基地码头举行欢送仪式后，"雪龙"号鸣笛启航。乘坐"雪龙"号从上海出发去南极，需要将近一个月，漫长航程中第一件值得纪念的事是穿越赤道，从北半球跨入南半球。

按照航海习俗，过赤道要举行过赤道仪式。"雪龙"号在穿越赤道时，除准备了丰盛的食物外，还在宽敞的停机甲板上举行了拔河比赛、喝啤酒比赛、拍摄集体合影等活动。

热闹之余，还需要提高警惕，因为赤道海域经常有海盗出没。"雪龙"号每次经过赤道海域，考察队都要严密布置，防海盗。

在我的印象中，海盗是影视剧里那些用一块黑布斜遮着一只眼的家伙，他们真的会袭击"雪龙"号吗？

"尽管我国在多年的南极科学考察中从来没有真正遇到过海盗，但我们必须防患于未然。"第24次南极科学考察队领队魏文良说。

为了防海盗，考察队成立了武装小组，大多数组员都是船员，每人都有持枪证。进入赤道海域，武装小组就在船尾开展防海盗实弹演习。

船上的考察队员也被组织起来，晚上值班巡逻，加入防海盗的队伍中。

"雪龙"号政委汪海浪介绍说，海盗一般有两类：一类有严密的组织，会事先探听好计划打劫的目标船只，这类海盗对科考船兴趣不大，尤其"雪龙"号上有140多人，装载的大多是科学考察仪器设备，"油水"不大；还有一类海盗是流窜团伙，遇见什么船就抢什么船，没有什么计划。"雪龙"号最需要提防的是这类海盗。

根据应急计划，一旦遭遇海盗劫船，值班驾驶员将鸣放长达30秒的报警信号，全船广播；船长任总指挥，掌握敌情，负责对外联系；政委担任现场指挥，组织动员人员，根据敌情随机应变；值班水手打开甲板上所有的照明灯、操纵探照灯；水手长和机匠长负责准备自卫武器，分别控制生活区和机舱的通道；木匠和三管轮分别负责接妥水龙头和启动消防泵；轮机长负责指挥机舱人员，应急操纵机器，组织关闭机舱；船上其他人员则在餐厅集合，依据具体情况组成自卫队。

与传统海盗不同，现代海盗已经从单纯的洗劫财物发展到劫持整艘船、伪造新的船籍资料，更换新船员，将其变身为海盗组织的"幽灵船"，海盗犯罪的"生意"越做越大。随着全球海盗组织性犯罪的情况日渐普遍，海盗使用的枪械增加，其武装配备甚至超过一般海警装备，海盗的目的逐渐转为劫持整艘船变卖，这使得船员受伤率提高。

那么，如何有效地防海盗呢？汪海浪政委介绍说，如果发现海盗想登船，可以利用高压水龙头喷射海盗及其艇筏，使其无法靠近或登船。高压水柱还可以淹没、损坏海艇上的机具和电力系统，打掉海盗为登船抛出的绳钩。

此外，为降低对海盗的犯罪诱惑，港口作业应严格控制舱单过于清楚地标示出每项货物所在舱位；船舶出港前，也应严格按照船舶离港检查规定彻底清查船舱；对于招募不同国籍船员的船公司，船公司和船长应该充分掌握上船船员的背景资料，以防海盗冒充船员，或事先偷渡上船卧底作案。

虽然受海盗威胁，但"雪龙"号在赤道海域航行，风平浪静。难得没有晕船之苦，大家还是很开心的。

赤道一带是地球上最热的地方，气温常年保持在约30℃。由于赤道地转偏向力非常小，地面风力微弱，赤道南北600海里的范围内不能形成较大的风区，被称为"赤道无风带"。赤道对流快、云量多，晨昏之际云蒸霞蔚，令人心旷神怡。

在第24次南极科考归国途中，"雪龙"号再一次穿越赤道从南半球回到北半球，赤道海域的天气和海况就像我们要回家的心情一样美好。走到甲板上，湿热的海风扑面而来；一望无际的海面如宝蓝色的丝绸一般，被海风吹起无数细细的皱褶；天际线尽头，一条笔直的淡绿色水道留下了"雪龙"号航行后的美丽尾迹。不时还可以看见其他船只航行的身影，偶尔还能看到顽皮的鲸鱼在海面喷水嬉戏。

黄昏时分，一边欣赏大海上的日落风光一边拍照，真是享受。有时，天空会出现一片绝美的火烧云；有时因赤道海域气候多变，"雪龙"号钻进一片乌云时，天空转眼间下起雨来，过了这片乌云区，天又瞬间放晴了，这时海面上升起一道绚丽的彩虹，感觉甚是美妙。

一天晚上，我和第24次南极科考队友王曙东一同看到了满天繁星和远方闪电交相辉映的天文奇观。学气象专业的队友曙东和我解释说："陆地上的雷阵雨一般发生在午后，而在赤道附近海域，由于海水的热容量大，升温慢，到夜里对流才能发展起来，下起雷阵雨。以前只在书本上看到过星空中出现闪电，这次还是第一次亲眼看到，真是震撼！"

海水"沸腾"了

乘坐"雪龙"号去南极,沿途经常会看到意料之外的风光。

有一次"雪龙"号一路向南,经过印度尼西亚巴厘岛和龙目岛之间的龙目海峡,从太平洋驶入印度洋。龙目海峡长 40 多海里,是太平洋和印度洋的海水交汇处。

那天一早,我携带心爱的相机守候在驾驶台,想要拍摄太平洋和印度洋交汇处的奇观。"雪龙"号缓缓而行,终于到了龙目海峡的峡口。奇观果然出现了!只见海天相交的天际线尽头,出现了一线长长的黑色长条。船长说,那就是龙目海峡的海流和印度洋的洋流交汇的地方。

龙目海峡的海流以南北向为主,印度洋的洋流则以东西向为主,两股走向不同的海流和洋流在龙目海峡的峡口狭路相逢,激烈碰撞,在海面上

❉ "雪龙"号缓缓前行

升起一朵朵杂乱无序的浪花，形成一条条带状"沸腾海水"的奇观。"雪龙"号原本航行得很平稳，驶进"沸腾海水"的海域后开始摇晃起来，许多队员开始遭受晕船之苦。

跨过海水交汇处，"雪龙"号就正式驶入了印度洋。印度洋上空的天气看上去比龙目海峡好，灰白色的海面十分平静，但长长的浪涌使"雪龙"号大幅度摇晃起来。胃里翻江倒海的不适感再次向我们袭来，过赤道的幸福时光结束了。

令人欣喜的是，海面上出现动物的频率越来越高。

一天中午时分，我房间的电话突然响了，原来是值班船员叫我到驾驶台拍摄海豚。可惜等我赶到时，海豚们早已消失了。失望之时，我却意外看见一只海龟出现在"雪龙"号船底部位。我拿起相机冲到甲板上，但海龟也不见了踪影。

海面上飞鱼很多，有的身手矫健，一口气能飞十几米远，这又勾起了我的兴趣。我拿着长焦镜头下到船头守候，突然一个大浪猝不及防地打来，机身全湿，我只能匆匆返回。

穿越"魔鬼西风带"

南纬 40~60 度之间的西风带，素有"魔鬼海域"之称，是乘船进入南极必经的一道"鬼门关"。

在北半球，西风气流在通过陆地和海上时是呈蛇形的；而在南半球，由于太平洋、印度洋、大西洋三大洋相互贯通，环绕南极大陆的南大洋海域宽阔，西风环流可以畅通无阻地在南大洋上空旋转，常年平均有六七个气旋自西向东移动，致使西风带海域波涛汹涌，因此又被称为"咆哮的西

❉ 摇摆的"雪龙"号

风带"。那里夏季平均风力 7～8 级，浪高 3～4 米。如果遇到强气旋，风力一般在 12 级以上，堪比北半球的台风。

"雪龙"号去南极，一般先到东南极的中山站，东半球的西风带海域极其宽阔。第 24 次南极科学考察，由于考察队科学地选择了航行时机和路线，穿越西风带非常顺利。那几天阳光灿烂、风平浪静，多次带队到南极的领队魏文良惊叹地对我说："张记者，西风带像这样老实又平静，真是历史罕见。"而第一次去南极的我当时却感到失望："这哪里是想象中的'魔鬼海域'嘛。"

第 24 次南极科学考察队完成任务归国时，"雪龙"号返航时间较晚，南大洋的冬季早已来临，海况恶劣，我终于见识到了西风带魔鬼般狰狞的面目。

为赶在两个气旋之间的短暂间隙迅速穿越西风带，"雪龙"号一大早就从南极边缘避风的浮冰区驶出，向北航行进入了西风带气旋刚刚路过的海域。

没有浮冰"打压"的海面，波涛变得汹涌起来，尽管气旋过后浪不大，涌却很长。整整两天两夜，"雪龙"号都是在剧烈的颠簸摇摆中艰难前行。

我站在驾驶台上，只看到左右两边窗外的天际线随着船身的摇摆时隐时现。回到房间里，不时可以听到物品摔落声，队员们的房间一片狼藉，会议室里沙发和凳子都被晃得东倒西歪。

随着船身大幅度地左右摇摆，厨房里的油盐酱醋摔碎了好几瓶，防滑地砖失去了防滑功能，厨师在厨房地面铺上地毯、操作台上铺上湿床单，才能正常做饭烧菜。考察队员在餐厅就餐时也同样吃不安稳，一不留神碗筷就"哧溜"一下滑走了。到食堂就餐的队员明显减少了。为了照顾大家的胃口，"雪龙"号事务主任方根水特地安排食堂煮面熬粥，菜也尽量烧得清淡些，同时准备了方便面、点心、饼干和苹果。

最恐怖的还是晚上睡觉，我们必须时刻提防被从床上甩出去，睡梦中也要用力撑住床边的挡板。好不容易睡着了，又被一片"噼里啪啦"的东西掉落声惊醒。整整一夜，"雪龙"号上各种撞击声组成的"交响曲"未曾停过。

进入"魔鬼西风带"，船上的电梯就停了，所有的水密门紧闭，没有特殊情况不允许到甲板作业。轮机部16名船员更是高度紧张，他们要确保船上主机、副机、舵机、发电机、空压机、分油机等所有机器正常运转。

"船在航行的时候，不怕大浪，就怕长涌。如果涌长得把船尾'撅'起来，就很有可能让螺旋桨露出水面'开飞车'，酿成失去动力的大事故。"经验丰富的轮机长赵勇说。

在西风带剧烈的颠簸中，一些科考队员仍坚持工作。大洋考察中的走航调查一天也不能少，十多名考察队员昼夜不息，定时进行海水取样。科考队员徐成丽要对冰盖考察队员抽血取样，以进行极地医学方面的研究。

穿过西风带，进入南纬66度34分的南极圈，就意味着进入南极洲"地界"了。

中国极地科考船"姐妹花"

"雪龙"号极地考察破冰船

"雪龙"号是我国专门从事南北极科学考察的破冰船，为南北极大洋调查提供科考平台，并担负着运送我国南北极考察队员和考察站补给物资的任务。"雪龙"号于1993年从乌克兰赫尔松船厂购进后，经过首次改造，于1994年10月开始执行中国第11次南极考察任务。2007年，"雪龙"号被再次改造，总体布局更趋合理，自动化程度、科考调查能力、生活条件等方面得到全面提升。2013年，对"雪龙"号进行恢复性维修改造，全面更新主推进动力系统，更换了重要机械设备，更新了船舶防污染装置，提高了动力设备的安全运行性能，满足了最新的环保要求。

❋"雪龙"号

"雪龙2"号极地考察破冰船

　　"雪龙2"号是我国第一艘自主建造的拥有自主知识产权，也是全球第一艘采用首尾双向破冰技术并获得智能船舶入级符号的中型破冰船，是我国继向阳红10号、极地号和"雪龙"号之后的第4代极地科学考察破冰船，于2019年交付使用。她的服役使我国具备了牵头组织大型极地海洋科技项目的能力，不仅扩大了我国在极地海域科考作业的广度，也提升了极地海洋环境调查和科学研究的深度，极大提升了我国极地事务话语权和影响力，为认识极地、保护极地、利用极地提供了关键平台。

❋ "雪龙2"号

（来源：中国极地研究中心）

17

"特立独行"的南极洲

在世界的尽头南极，有一个遗落世间的第七大陆——南极洲。当其他大陆花红柳绿、人烟袅袅时，南极洲始终保持着它独特的"白"。

❄ 南极洲风光

"一只正在开屏的孔雀"

南极洲位于地球的南端，包括大陆、陆缘冰和岛屿，总面积为 1405.1 万平方千米，约占世界陆地总面积的 9.4%。

南极大陆的形状像"一只正在开屏的孔雀"，"孔雀"的头部是南极半岛，"孔雀"开屏的尾巴占据了南极大陆的绝大部分。

南极大陆上横贯山脉把南极大陆分成两个部分，东面的一部分叫东南极洲，西面的一部分叫西南极洲。东西南极洲在地理和地质构造上有很大差别。东南极洲是一块很古老的大陆，已经有几亿年历史。西南极洲形成的时间相对较晚，面积也只有东南极洲面积的一半，是个群岛。其中，有些小岛位于海平面以下，但所有的岛屿都被大陆冰盖覆盖。

南极大陆的最高峰是文森峰，海拔 5140 米。

南极洲的性格有多独特

在地球的"大陆家族"中，南极洲是最"特立独行"的一位。因为别的大陆都是多姿多彩的绿色世界，只有她是冰雪覆盖的白色世界。

南极洲是地球上最寒冷的大陆。南极比北极更冷，苏联考察队员曾在南极东方站记录到零下 89.2 ℃的低温，这是记录到的世界上的最低自然温度。

南极洲是地球上冰雪最多的大陆。覆盖在南极大陆头顶上的"大冰盖"，体积约 2700 万立方千米，全球 90% 的冰雪都储存在那里，占整个地球表面淡水储量的 72%。

南极洲是地球上最干燥的大陆。平均年降水量仅有 30 ~ 50 毫米，越靠近大陆内部降水量越少，南极点附近只有 3 毫米。南极洲的降水几乎都以雪的形式存在。

南极洲是地球上风速最快、风暴最频繁的大陆。据澳大利亚莫森

站 20 年持续观测，南极洲每年 8 级以上的大风天就有 300 天。法国的
迪蒙·迪维尔站曾观测到速度达 100 米每秒的飓风，这个风力相当于
12 级台风的 3 倍，是迄今为止记录到的世界上的最大风速。

　　南极洲是地球上海拔最高的大陆。南极大陆常年被冰雪覆盖着，使得

南极大陆特别是东南极洲形成一个穹状的高原，平均海拔达 2350 米，成为地球上海拔最高的大陆，是包括青藏高原在内的亚洲大陆的平均海拔的 2.5 倍。但是，如果不将这巨大的冰盖计算在内，南极大陆的平均海拔仅有 410 米，比整个地球上陆地的平均海拔要低得多。

　　在地球几十亿年的演化历程中，南极洲并不是生来就与冰雪和寒风为伴，她曾经也是生机盎然的绿色世界，拥有葱郁的森林和绚烂的鲜花。那么，南极洲经历了什么才变得如此"特立独行"？

　　大约 3400 万年前，地球上的构造运动形成了德雷克海峡。太平洋和大西洋在德雷克海峡相互连通，得以让洋流畅通无阻地流过，引起洋流和热传输重组，从而形成了环绕南极洲的独特洋流——南极环流。南极环流是唯一环绕地球的洋流，被认为是当今世界上最强大的洋流。它阻碍了太平洋环流和大西洋环流将低纬度温暖的地表海水输送到南极海岸，从而使

❄ 南极冰山

南极大陆成为一个与世隔绝的"孤洲"。没了来自低纬度地区的温暖水汽，南极洲内陆温度开始降低，植被开始消失，降雪永远不化，大陆冰川开始扩张，冰盖开始蔓延。经过几百万年的累积，南极洲就变成了今天的冰雪世界。

南极环流不仅是南极面貌的塑造者，也是全球循环系统的关键组成部分。它从大西洋、太平洋和印度洋吸收海水，推动着全球的热量循环，为维持地球的气候平衡发挥着重要作用。同时，又将沉降至南极洲海底冰冷而稠密的水体带入深海，有助于储存碳元素，对地球的气候演变产生深远的影响。

偏居在地球的最南端，南极洲距离南美洲最近，中间仅隔着970千米的德雷克海峡；距离澳大利亚约3500千米，距离非洲约4000千米，距离我国首都北京约12000千米。在遥远孤独的南极洲进行科学

❄ 距离指示牌

考察，许多国家的科学考察站前面都竖立了距离指示牌，这是南极特有的一道风景线，代表了考察队员对祖国和家人的牵挂和思念。

❄ 距离指示牌

迪蒙·迪维尔

曾经观测到 100 米每秒飓风的迪蒙·迪维尔站，是以儒勒-塞巴斯蒂安-塞萨尔·迪蒙·迪维尔命名的。

❄ 迪蒙·迪维尔

迪蒙·迪维尔是法国的探险家、航海家，还是一位十分率直且有内涵的海军军官。早年，他曾建议法国政府买下了米洛斯的维纳斯雕塑，也就是断臂维纳斯。

迪蒙·迪维尔曾 3 次进行环球航行、考察，航迹遍布太平洋和南大洋。19 世纪三四十年代，他驾驶两艘轻型巡洋舰"星盘"号和"热心"号，在太平洋航行了一年半，首次经过了威德尔海，进入了澳大利亚南部地区。在这个地方，他发现了阿德利领地，并以自己妻子的名字为之命名，他还用此名命名了一种企鹅，也就是我们后文会提到的阿德利企鹅。

1956 年，法国在彼特列斯岛建立了观测站，这座考察站就被命名为迪蒙·迪维尔站。

冰清玉洁的南极冰山

冰山是南极的标志性景观，第一次看见冰山，透过长焦镜头，只见靛蓝色的海面上漂浮的冰山散发出一种摄人心魄的美，冰清玉洁地悠游于天地之间。

❄ 南极冰山

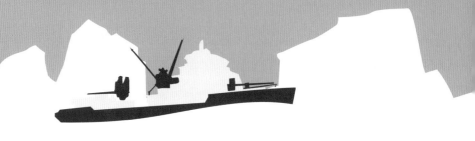

巨大的淡蓝色冰山

大海上的冰山只能远眺。近距离观测这些晶莹、神奇的冰山，是在"雪龙"号抵达中山站一周后。

随着度夏科学考察队的到来，宁静的中山站热闹了起来。"中山、中山，'雪龙'叫"，"'雪龙''雪龙'，机场叫"……不时可以听到对讲机里传来的通话声，所有人都忙成一团。我早就计划好，到达中山站后就抓紧采访越冬队员，了解他们在南极坚守一个冬天，有没有最新的观测结果。

国家海洋局东海预报中心的王华和中国科学院地质与地球物理研究所的杨磊已在中山站越冬一年，艰苦的生活使他们看上去脸色有些蜡黄，但精神状态饱满。我和他们约好一起去中山站附近观测海冰。

那天下午的天气很好，阳光灿烂，碧空如洗，南极空气透明度极高，强烈的紫外线对皮肤伤害很大。我抹了一层厚厚的防晒霜，戴上墨镜，穿着借来的齐膝大胶靴跟在队员王华和杨磊身后，深一脚浅一脚地来到中山站附近的海冰上。

此时南极大陆已进入夏季，近岸海冰的表层已经开始融化。我们只能在融化的冰面上挑选坚实的海冰，跳着走过去。好在经过一个冬天的观测，王华已经很有经验，很快就带领我们到达冰面观测点。

他们在观测点的冰面上挖了一个洞，将温盐深仪放进海水，然后记录下当天的温度和盐度。这项工作虽然看上去简单，但在南极艰苦的环境下，要每天风雪无阻地坚持下来实属不易，尤其是在漫长难熬的极夜期。

顺利完成海冰观测后，王华见我对着远处的冰山拍个不停，便对我说："你敢不敢走过去看看？我越冬的时候去过那座冰山。"我喜出望外，央求他带我去看看。于是，我们三个天不怕地不怕的年轻人小心翼翼地向远处的冰山走去。

天哪！那巨大的淡蓝色冰山就横亘在我的眼前，越走越近，近得连冰山上细细的裂纹都那么清晰，冰山表面融化又结成的冰串也清晰可见，好

❄ 淡蓝色冰山

像一串串水晶制成的冰糖葫芦，稀疏地挂在冰山上。举目四望，天地之间是深蓝色的天空、薄如蝉翼的云、淡蓝色的冰山、一望无垠的洁白的海冰。我震撼于天地间的大美，折服于大自然造物的深厚功力。

冰山虽美，却也存在危险。南极进入夏季后，海冰的融化总是先从冰山脚下开始。而且与往年相比，中山站附近的海冰厚度较薄，融化的速度也相对较快，危险系数更大。阳光照射在一座冰山脚下，融化成一汪清水。王华以为只是很浅的冰山融水，一脚踩了上去，结果"扑通"一声掉了下去。幸亏水坑不深，只淹到大腿，他迅速爬了起来。虽然有惊无险，但王华的衣服、鞋子全湿了，我们匆匆返回中山站，不敢和任何人提起这次冒险。

又闯水晶宫

我一直想真正爬上冰山，"零距离"触摸冰山。终于在撤离南极前，我抓住了一次难得的机会。

那天，正赶上冰盖队的队长孙波带领几名队员下船，他们准备开着小艇到附近的冰山上采冰，我得知后立即要求一同前往。

我们一行人乘坐小艇，缓缓航行在巨大的"冰山丛林"中。天气不是很好，低暗的云层折射在巨大的冰山上，呈现出幽幽蓝光，甚是诡异。小艇转了好几圈，终于寻到一座矮平的冰山。

小艇轻轻地靠上去，队员们拿出一块木板，从小艇船头搭到冰山上。我终于登上了向往已久的冰山！

好一片晶莹剔透的"土地"啊！踩在冰山上，仿佛踩在一大块水晶石上，脚下的冰坚硬得像一块白色的土地。

放眼望去，四周林立的大冰山将我们团团围住，好似白玉和水晶建造的童话宫殿。只是，在"水晶宫"里可不敢乱逛，冰山很滑，几米远处就是一个深可见海的冰裂缝。而且"宫"里奇冷，阵阵寒气不一会儿就快把我冻僵了。

崔鹏惠、郭井学等冰盖队的队员不停地用冰钻在冰山上打洞，钻取冰芯，孙波则用冰镐砸了许多从冰山上掉下来的大冰块。这些真正的南极冰山上的冰带回国内可是宝贝呀。

站在冰山上，我仿佛触摸到了时间，感悟到了生命的短暂与悠长……

会"唱歌"的南极冰

如果你有幸得到一小块南极冰，把它放入一杯水中，你会看到非常奇妙的现象：冰块在融化的同时，会发出轻微的美妙声响，冰块也会在水面微微移动，这是为什么呢？

南极巨大的冰盖都是由万年的冰雪累积而成的，降落在南极的雪花经过压实，变成冰川冰，而原来雪花中的气体也被保存在冰中。由于

❄ "唱歌"的南极冰

上方不断积累，气泡在巨大的压力下变成了高压的气体。当冰块融化时，高压的气泡破裂，就会发出美妙动听的声响，同时推动体积较小的冰块移动，碰撞水杯，发出轻微的撞击声。

"繁花似锦"的冰海边缘

　　南极是个孤独的冰雪大陆，绝大部分土地都被冰雪覆盖着，大陆周围也被重重海冰环绕。那么，冰与海的交界是怎样的一番景象呢？

❄ 冰与海的交界

仿佛到了另一个星球

我国中山站和澳大利亚戴维斯站同在东南极地区，中山站位于拉斯曼丘陵脚下，戴维斯站濒临普里兹湾畔，两个考察站之间有良好的传统友谊。

到达中山站后，考察队领队魏文良、副领队秦为稼和中山站站长邵辉等一行人到戴维斯站拜访，我们记者也一同前往。

随着橘黄色的"直-9"舰载直升机飞上天空，我的目光就一直锁定在窗外。刚开始的一段路程是飞越南极的陆缘冰地带。透过"直-9"的窗户看下去，整个世界呈现一片泛着幽蓝的雪白，如想象中的火星一般沉寂、空旷，毫无生命迹象。恍惚间，竟然感觉来到了另一个星球。

从地面看上去，巍峨雄壮的巨大冰山此时看起来如棋子般大小，许多白色的冰山四周还镶嵌了一圈深黑色"花边"，那是冰山开始融化时山脚出现的一条条冰裂缝，裂缝下面就是深不可测的大海。

从空中鸟瞰，停泊在冰上的"雪龙"号只有一辆小汽车大小。"雪龙"号身后拖了一条长长的"黑尾巴"，那是"雪龙"号前进的破冰水道。"雪龙"号前方也有一条细长的"绳子"，那是考察队员开车在冰面上搬运物资留下的车辙印。这条"绳子"从船头一直延伸到中山站，一路上轧出很多细长的冰裂缝。

我们沿途飞越的这片海叫普里兹湾。进入夏季后，普里兹湾的海冰开始融化。渐渐地，直升机飞到冰与海交界的边缘，只见大块大块的碎冰从整个冰块中裂解开来，被层层海浪冲击分解成无数小碎冰，漂浮在深蓝色的海面上，如盛开的洁白繁花，又像点缀在夜空的璀璨繁星。

有时，拉斯曼丘陵褐色的海岸线也会延伸到这一片深蓝里，曲曲折折，星星点点的白色浮冰点缀其中，形成一幅幅多姿多彩的抽象图案。

❄ 小碎冰

"泾渭分明"的冰海交界处

我再次目睹冰海边缘的奇异之美，是在跟随"雪龙"号从中山站前往长城站送货后从长城站返回中山站的途中。

我国的中山站和长城站，一个在东南极，一个在西南极，相距 4000 多海里，相隔 9 个时区。"雪龙"号从中山站出发，沿着南极大陆浮冰区外围，即使马不停蹄地航行，也需要近两周时间才能抵达长城站。

我们去的时候，南极还处于夏季，气候温和，航程基本顺利。回来时，短暂的南极夏季已经过去，浩瀚无际的南大洋气旋活动频繁猛烈，南大洋的"脾气"也随之变得暴躁。

在距离中山站 1000 多海里的南大洋上，"雪龙"号为躲避一个西风带强气旋的袭击，曾一度被迫改变航线，向南航行，以寻找南极大陆边缘的浮冰区避风消涌，确保航行安全。

浮冰区真是一个天然的避风港！"雪龙"号顺利地在南纬 68 度 18 分、东经 36 度 35 分找到一大片浮冰区，船立即停止了上下颠簸，厚厚的浮冰仿佛为海面铺上了一层厚厚的白棉被，将南大洋上的阵阵涌浪压了下去。随着浮冰的漂移，"雪龙"号以每小时 0.8 海里的速度缓缓向西后退。

"雪龙"号在浮冰区停留了一天多后，大家决定在南大洋两个西风带强气旋之间的"夹缝"中，继续向东航行，赶往中山站执行二次送货任务。一夜风雪将我们所在的浮冰区重新冻结起来，第二天一早，"雪龙"号经过 8 个多小时的艰难破冰，终于挣脱浮冰的重重围困，重新驶向南大洋。

由于冰海边缘的交界地带给我留下了深刻印象，这次我一直守在"雪龙"号的驾驶台，期待再次看到这一美景。

举目远望，白色浮冰区的天际线尽头，一座淡蓝色的大冰山突兀在前方。"雪龙"号缓缓航行，绕过冰山，渐渐地，冰与海的交界线出现在眼前。交界线的一侧是挤在一起的白色泡沫状的浮冰，另一侧则是深灰色的大海。交界线两边的天空肉眼可见的泾渭分明，浮冰区的天空是乳白色的，南大洋的天空却是灰黑色的。

当时，南大洋的天气是阴有阵雪，风力 7 级，阵风 8 级，浪高 3～3.5 米，涌高 3～4 米。船驶出浮冰区后就不停地摇晃起来，我们重新过起了晕船的苦日子。

南大洋的"万亩荷田"

第 24 次南极科学考察的任务很重，"雪龙"号回国归期较晚，南大洋已经进入冬季，海水开始结冰，我们有幸目睹了海面上"新冰""老冰"交织的景象。

完成任务决定返航的那天，随着"雪龙"号发出一声悠远的长鸣，第 24 次南极科学考察队 140 名度夏考察队员正式踏上回国之路，仅留下 19 名越冬考察队员，他们需要在中山站坚守一年。

启程后不久，我突然发现海面不再是一望无际单纯的深蓝，而是深蓝上多了许多晶莹剔透的"碎花"。仔细看去，这些"碎花"居然是一个个紧紧相连的小冰块。

除了碎花状的小荷叶冰块外，海面上还铺满了明镜般大块灰色的薄冰，这些也是海水中新长出来的冰。

"雪龙"号沿着东经 75 度 30 分一直向北航行，到了傍晚，冰变得越来越厚。海面上密密麻麻的"老冰"和"新冰"交织在一起，几乎将"雪龙"号重重包围起来，"雪龙"号步履维艰。

如何从大片冰区里"突围"？"雪龙"号船长沈权经过慎重考虑，决定乘坐直升机到周围侦察冰情，重新选择一条航线。得知消息后，我极力争取上了直升机。

橘黄色的"直-9"徐徐升空，"雪龙"号在冰区受阻的严峻形势一目了然。

一望无际的南大洋上，海面几乎全都被白色、灰色的冰所覆盖：白色的是"多年冰"，上面有厚厚的积雪；灰色的是"新冰"，已经很厚实了。在风力和海水的作用下，海面上大片大片的荷叶冰已经长成，从直升机上鸟瞰，犹如盛开在南大洋上的"万亩荷田"。

这又是一幅我平生从未见过的壮观景象，令我再次为南极之美而动容，但另一方面又深为"雪龙"号所处的困境而担忧。

"直-9"飞行了 200 多千米，终于在"雪龙"号的西北方向确定了一条航线。这条航线上"新冰"较多，由于刚结的"新冰"没有多年的"老冰"坚硬，"雪龙"号最终从这条航线上突出重围。

※ 南大洋的"万亩荷田"

大自然的魔术之手

冬夏两季，南极景致会有哪些变化呢？第24次南极考察执行"一船两站"任务。随"雪龙"号两进中山站，目睹大自然的魔术之手造就的神奇变化。

❄ 南极冰山美景

蓝白相间的神秘世界

第一次抵达中山站，正值南极的冬季末，南极周围的海冰刚刚开始融化。我们经过长达一个月的航行，终于抵达了目的地——南极。由于南极大陆周围被厚厚的海冰包围，"雪龙"号需要破冰前行，尽可能接近中山站。

一天清晨，我被一阵猛烈的撞击声惊醒，赶紧到驾驶台看个究竟。领队魏文良看到我来了，大声说："张记者，看！我们已经到南极了！"

我等不及穿防寒服，就跑到了甲板上。视野所及只有两种颜色：蓝色和白色。湛蓝的天空一碧如洗，阳光灿烂炽烈，白茫茫的大地平坦开阔，一望无垠。放眼望去，南极大陆近在咫尺，馒头山、鳄鱼岛等依稀可辨。

不远处，一队帝企鹅排成一列纵队蹒跚走来，它们好像被"雪龙"号这个庞然大物吸引了，站在那里看了好久，然后又排着队优哉游哉地贴着冰面滑走了。远处还有 3 只躺在阳光下睡大觉的海豹，几只灰黑色的贼鸥围着"雪龙"号上下盘旋。

"轰隆隆、轰隆隆"，"雪龙"号犹如一名发威的大力士，勇猛地冲向南极坚固结实的陆缘冰，发出巨大的破冰声。

"雪龙"号是在极区破冰航行的"职业选手"，属 B1 级破冰船，能以1.5 节航速连续冲破 1.1 米（含 0.2 米雪）厚的冰层，船体强度可以承受 1.2 米厚的冰的挤压；船上螺旋桨的强度、硬度、尺度也都是专门为破冰打造的；船首柱、船尾柱均是采用整钢铸造，不仅能向前破冰，还能后退破冰。

"雪龙"号三副刘毅密切注视着冰面和驾驶台上的各种仪器，操作水手夏云宝负责掌舵。他们开着"雪龙"号缓缓向后倒一段路，然后逐渐加大油门，向海冰迎头撞去。顿时，坚硬的冰面被撕开了一条深深的裂缝。

"雪龙"号就这样破了一天一夜的冰，在南极陆缘冰地带艰难挺进约6海里，身后留下了一道长长的破冰足迹。在最大马力的消耗下，"雪龙"号的"胃口"也相当惊人——一天就消耗了35吨油！

在距离中山站8海里的地方，海冰厚度达到1.2米，已经具备冰上卸货的条件，"雪龙"号停止破冰。考察队员把船上装载的考察物资和油料先卸到冰面上，然后再用随船携带的直升机、雪地车、全地形车把物资运到中山站。

我从"雪龙"号悬梯下到冰面。刚踏上冰面，心里非常害怕，因为我知道海冰底下就是3000多米深的海水。但看到大家都没事，甚至20多吨重的雪地车都可以在冰上开着跑，也就踏实了许多。

❄ "雪龙"号撞向海冰

49

海面上的朵朵"梨花"

"雪龙"号经过 4000 多海里的长途跋涉，克服重重困难，终于完成了前往长城站的运输任务，再次返回中山站，正值南极的夏末冬初。

这一次，呈现在我们眼前的不再是一望无垠的、白茫茫的景象。经过短暂的夏季，中山站附近的海冰已经开裂，大多被海风吹走了，如今海面上只剩下几座大冰山和一些碎浮冰。

由于不能直接靠近南极大陆，"雪龙"号在距离中山站 1 海里的地方抛锚，货物运输和人员上站则主要依靠船上携带的"黄河"艇和"中山"艇。

我们乘坐小艇前往中山站，参加新建的熊猫码头落成仪式，一路上，巨大的白色冰山近在咫尺，不时与小艇擦肩而过。大大小小的浮冰宛如一朵朵盛开在海面上的梨花，美不胜收；当年结的"新冰"如棉絮一般，柔柔地、软软地，漂散在湛蓝的海水里。

住在中山站的时候，为了拍冰山，我会在天气好的时候跟着小艇穿梭在"冰山丛林"中。冰山虽然美丽，但驾驶小艇穿梭其中却十分危险。有一次，为了采写船员们用小艇运输的过程，我专门跟着"黄河"艇走了一趟。

在酷寒的南极，如果将电站比作一座科学考察站的"心脏"，那么发电需要用的油就是维持考察站生存的"血液"。为了向中山站输送这些宝贵的"血液"，考察队员需要驾驶小艇，"蚂蚁搬家"般将"雪龙"号上装载的油一驳一驳地运送到中山站码头，泵到油库。

当年，在中山站高大的发电栋里，共有 3 台 150 千瓦的柴油发电机，每年消耗约 200 吨柴油。保证"雪龙"号上装载的 400 吨柴油全部卸运到中山站，是我国第 24 次南极考察最后一次卸货的头等大事。

但偏偏天公不作美，"雪龙"号返回当天刚卸下 30 多吨油，南极就刮起了 12 级大风，"雪龙"号被迫先到埃默里冰架进行大洋调查。归来时涌浪依旧很大，又耽误了一天时间。

第二天天气放晴，终于可以卸油了。停泊在一座座大冰山间的"雪龙"号，距离中山站的熊猫码头约 1 海里。"黄河"艇是"雪龙"号改造时新造的一艘小艇，功能齐全，灵活方便，但在风口浪尖上拖着 20 多吨的驳船，穿梭于船站之间的"冰山丛林"，仍然危险。

"驾驶小艇不像开汽车，汽车在马路上开停方便，但小艇在海面上的摩擦力小，即使机器停了，小艇还会受风速、风向、海浪、洋流等影响，不确定性因素多。而且，一路上还得时刻警惕冰山坍塌，不能距离冰山太近，不能开开停停，以防机器的共振将裂开的冰山震下来。""黄河"艇艇长马骏介绍说。

最危险的还是小艇靠近大船装油的环节。天空中雪花不断飘落，一波又一波凶险的浪涌一次又一次掀起小艇，将其恶狠狠地砸向大船，大船本

❄ 海面上的冰山和碎浮冰

身在不停地摇晃，小艇更是左右摇摆、上下颠簸，人根本无法站稳。何况由于加油，小艇的甲板上满是油污，踩上去很容易打滑。

输油管是从"雪龙"号的船舷边慢慢吊下来，接到"中山"驳的驳舱里。需要上下小艇换班的船员和科考队员，都是通过"雪龙"号船舷边垂下来的软梯爬上爬下。就是在这种艰苦、恶劣、危险的环境中，科考队员圆满完成了卸油任务。

神秘多彩的极地"缎带"

"极光，极光！外面有极光！"

住在中山站的一天晚上，我正在房间里工作，突然听到楼道里有人大声喊。大家都从房间里冲出来，挤到生活栋的楼梯口，抬头仰望漆黑的夜空。

只见远处中山站气象山的上空飘出一条绿色的"缎带"，时隐时现。

过了一会儿，我们住的生活栋屋顶的正上方，也飘起了一条淡绿色、淡紫色、粉红色混织的"缎带"，像一片轻盈美丽的羽毛，横跨整个天空。

在几颗明亮的星星周围，"缎带"还优雅地旋了几个圈，发出五色的光芒。

在南极漫长而寂寞的极夜中，绚丽的极光是大自然馈赠的最珍贵的礼物。

极地课堂

为什么极光大多出现在南北极地区？

极光的形成，是太阳活动的结果。

太阳表面发射出的带电粒子流从外层空间疾驰而来，猛烈冲击着地球南北极高空的稀薄大气层，将大气分子激发到高能级，发出耀眼的可见光，这就是极光。

为什么极光大多在地球南北极地区出现呢？

这是因为地球本身就像一块巨大的吸铁石，地球磁场的北极、南极分别在地理南极、北极地区。当太阳放射出来的大量带电微粒射向地球时，受到地球磁极的吸引，纷纷向南北极地区涌入，所以极光大多出现在南北极地区。

极光缤纷多彩，是因为地球周围的大气中含有氧、氮、氢、氖、氦、氩和氪等不同的气体分子，当带电粒子与不同的气体分子冲撞时，就会发出不同颜色的光。

极光具有极大的科研价值。

科学家认为，极光实质上是地球周围一种放电现象，研究极光的时空出现率，能了解形成极光的太阳粒子起源，以及这些粒子从太阳上形成，经过行星星际空间、磁电层、电离层，以及最终消失的过程。通过这些带

电粒子跋涉的漫长征程，可以了解到它们一路上受到电学、磁学、化学、静力学、动力学等各方面影响的情况。

科学家认为，极光可以作为日地关系的指示器，作为太阳和地磁活动的一种"电视图像"，帮助人类去探索太阳和磁层的奥秘。

"神秘女郎"的"怪脾气"

南极大陆虽然景色美丽，但"脾气"很怪，犹如一位让人捉摸不透的神秘女郎。刚刚还是阳光明媚的好天气，转瞬间天空就可能乌云密布，狂风大作。有时一连好几天暴风雪，在人们最无望的时候，暴风雪又会戛然而止。在南极长城站和中山站，我见识了南极大陆的"怪脾气"。

中国第 24 次南极科学考察途中，我们从中山站乘坐"雪龙"号经过4000 多海里的航行抵达长城站时，天公作美，晴空万里，"雪龙"号抛锚在长城湾。

眼前的景色让人十分惊喜：平整如镜的蔚蓝色海面尽头，皑皑白雪与褐色的山石交错在一起；山脚下，一栋栋红色建筑错落有致，那是 1985年我国在南极建立的第一个常年科学考察站——长城站。太阳照在甲板上，队员穿着单衣干活也不觉得冷。这样暖暖的天气，哪里像南极！

谁知几个小时后就风云突变，一个来自别林斯高晋海的气旋自西向东移动，影响到长城站附近海域，暴风夹杂着雨雪袭来。我来到驾驶台，隔着窗玻璃对外拍照，不敢出去，怕一不小心就被狂风卷走。好在暴风雪到来

❄ 长城站风光

前，考察队及时停止了"雪龙"号上的卸货作业，所有卸货小艇和驳船全都躲避到长城站码头。

暴风越刮越猛，当晚12点风力达到11级，最大风速达30米每秒，停泊在长城湾的"雪龙"号几乎被吹得脱锚，情况十分危急。船长沈权决定立即起锚，将船开到长城湾外水深的海域，在航行中抗风。

这次抗风航行一直持续了两天。"这就是南极，11级大风是家常便饭。记得有一年在中山站附近海域，我们还遇到了52米每秒的大风，船上巨大的天线都被吹歪了。"领队魏文良对我说。

据澳大利亚莫森站长达20年的观测统计，南极每年8级以上的大风日就有300天。苏联的和平站曾记录到50米每秒的强风，一座观测站的房屋当场被摧垮。澳大利亚莫森站也曾记录到82米每秒的大风，相当于12级台风的2.5倍，这场暴风卷走了飞机，200千克的大油桶像鸡毛一样被抛向空中。

南极的风暴为什么这么频繁、强劲？

一方面是由于南极大陆冰盖中心高原与四周沿岸地区是陡坡地形，内陆高原的空气遇冷收缩，密度加大，这种又冷又重的冷气流从冰盖高原沿着冰面陡坡向四周急剧下沉，到了沿岸地带，地势骤然下降，使冷气流下沉速度加大，形成具有强大破坏力的下降风。另一方面，受地球自转的影响，向北流动的气流总是向左偏转，而在南极大陆沿海地带形成偏东大风。

南极的风虽然危害很大，但如果合理利用，也可以为南极科考服务。目前，已经有国家在南极科考站使用风力发电，我国南极中山站也安装了风力发电设备。

南极只有两个季节：夏季和冬季。我国一般将长城站的夏季定为12月

至来年的 3 月中旬，将中山站的夏季定为 12 月至来年的 2 月中旬，其余时间都是冬季。无论风雪还是气温，南极冬夏两季的变换都有天壤之别。

我们乘坐"雪龙"号从长城站再次返回中山站时，南极已经开始进入冬季，好天气越来越少，间隔的时间也越来越长。返回中山站的第二天，南极的冬天就给我们"脸色"看了。

傍晚时分，约 20 米每秒的大风夹杂着暴雪袭来，闷雷般的风声呼啸了一整夜，我不时从梦中惊醒。透过宿舍的窗户望出去，漫天的大雪也不像在国内那般诗意飘落，而是被风吹得像子弹一样，横扫而过；地面上厚厚的积雪也被吹起，远处的冰山、近处的建筑都笼罩在一片白色的雪雾中。

我们住在宿舍栋，距离食堂约 10 米，每次去吃饭都要弯着腰、背对着风，艰难地挪过去，雪打在脸上，感觉像被沙子击中一样痛。

这还只是南极的初冬，不知道南极的隆冬季节是怎样的可怕。想到这里，我对坚守中山站的越冬队员们充满了敬意。

南极冰盖下的自然奥秘

南极大陆被厚厚的冰覆盖，犹如戴了一顶巨大的"帽子"。这顶"帽子"就像魔术师的道具，下面隐藏了无数的自然奥秘。

❄ 南极冰盖

"白色大山"直插云霄

南极昆仑站位于"帽子"的顶端——冰穹 A 地区。昆仑站海拔 4087 米，是目前人类在南极建立的海拔最高的一个科学考察站。

中国第 24 次南极科学考察时，昆仑站尚未建立，内陆队 17 名考察队员主要是去为建站选址。出发前，要将 156 吨重的科考物资从 20 多千米外的"雪龙"号上，通过"卡莫夫"重型直升机吊运到冰盖出发集结地，在集结地装运到雪橇上，整装待发。

集结地位于冰盖边缘，距离中山站约 5 千米，那里曾是俄罗斯的进步站，坐落在南极拉斯曼丘陵的一块山谷平地上，当时已经没有俄罗斯科考队员值守。白雪皑皑的空旷山谷间，只剩下一座蓝色的木头小屋。

当考察队员到达进步站时，发现附近的积雪几乎全部融化，坚硬的碎岩石地面露出，不利于重载的雪橇通过。于是考察内陆队决定将物资集结地转移到海拔更高的地方——俄罗斯机场。

我们搭乘考察内陆队长孙波的雪地车一同前往。雪地车拉着雪橇缓缓前行了半个多小时，终于登上了白茫茫的南极大冰盖。呈现在眼前的是一个白色的世界，平坦开阔的俄罗斯机场仿佛位于一座"白色大山"的山腰上，向上仰望，这座"白色大山"直插云霄；向下远眺，褐色的拉斯曼丘陵就在脚底下，巨大的淡蓝色冰山点缀其中。

这里看上去至纯至美，却是危机四伏。冰盖表面覆盖了一层厚厚的积雪，走在上面深一脚浅一脚，积雪进入鞋子、裤管，很快就融化，瞬间又凝结成冰，不一会儿脚就被冻麻了。扒开积雪，露出淡蓝色的冰盖，表面有许多细小的裂隙，一不小心就会一脚踩空，深陷进去。冰面上已经有很多踩陷的冰洞，对比较大的冰洞都做了醒目的标记。

　　站在冰盖上，不一会儿就会感到阵阵寒气自下而上袭来，厚厚的防寒服也不那么管用。我们到的时候，考察内陆队员们已经在这里工作了十几个小时，协助"卡莫夫"重型直升机装运内陆考察物资、科研仪器和油料。

❄ 白色世界

几天后，考察内陆队要从这里直奔昆仑站，来回 2600 多千米，前后需要 70 天左右。临行时，考察队为他们举行了送行仪式。嘹亮的《中华人民共和国国歌》响彻南极，鲜艳的五星红旗格外醒目。在整装待发的内陆

❋ 领队魏文良为勇士们送行

冰盖考察车队前，第 24 次南极科学考察队领队魏文良端起一碗壮行酒，为 17 位即将奔赴"冰盖之巅"的科学勇士送行。

考察队员每年去一次昆仑站都极其不易，这一路充满艰险，途中有深不可测的冰裂隙，有危机四伏的"白化天"，更有许多不可预知的突发事件。每次采访考察内陆队员，都会听他们谈起危险的"白化天"。什么是"白化天"? 到底有多可怕? 直到我亲身经历的那天，才深刻体会到内陆考察的艰险。

亲历冰盖"白化天"

南极冰盖是一个天然的"大冰箱"。第 24 次南极考察内陆队圆满完成任务回到中山站时，"雪龙"号前往长城站还没有返回。由于当时的地面温度在 0 ℃以上，中山站没有大容量的冷藏库，内陆冰盖队员就想了一个好主意：将所有需要冷冻的冰雪样品埋在距离中山站 50 多千米、海拔 880米的冰盖里。

当我们乘坐"雪龙"号返回中山站时，考察队决定将冰盖里的样品挖出来，用直升机运到船上的冷藏库。考察队副领队秦为稼、考察内陆队长孙波带领几位考察队员，开了两辆凯斯鲍尔雪地车前去挖样品，我也一同前往。

从中山站出发时天气很好，能见度很高。随着雪地车在"白色大山"上一路爬坡，天气突然变得很糟，狂风席卷着碎雪在白茫茫的冰盖上疾驰而过。我们坐在驾驶室里，见车窗外的天地分界线模糊一片，天与地好似融为一体，雪地车仿佛驶进了浓稠的牛奶里，眼前的一切景物都看不见了，两眼一抹"白"，分不清方向，只能完全依靠导航前行。这就是冰盖上特有的"白化天"。

这种奇特的"白化天"是由于太阳光照射到冰盖的冰层后，反射到低空云层里，而低空云层中无数细小的雪晶又像千万面小镜子，将光线四散开来，这样来回反复地反射，便形成了白蒙蒙、雾茫茫的乳白色世界。

50多千米的路，两辆雪地车整整开了5个多小时，才到达插着竹竿的标记处。仅一个多月，冰盖上的积雪就已经将样品深深掩埋，寒冷的天气又将积雪冻得像结了冰的土壤一样结实。考察队员们挖了一个多小时，才将23个装样品的大纸箱挖出来。这些样品包括我国17名内陆冰盖队员在冰盖上采的表层雪样、雪坑样、浅雪芯样等，凝聚了他们的心血和汗水。

南极内陆冰盖上的积雪极具科研价值。由于气温低，积雪不融化，每年的积雪形成沉积物，盖在上一年的雪层上，日积月累，积雪形成厚厚的冰层。在显微镜下，冰层的底部最老，顶部最新；夏季的雪比较疏松，颗粒粗，冬季的雪则相反。因此，从表层挖出的雪坑和从深层钻出的冰岩芯，都显示出冰雪层的层理结构，分冬夏两季交互沉积，每一层代表一年，就像树木的年轮一样。科研人员对这些"年轮"进行分析，从中发现地球气候变化的"蛛丝马迹"。

冰盖下的"青藏高原"

2009 年 6 月，我国考察队员多年来对南极冰盖持之以恒的探索和研究，终于得到了丰厚的回报。孙波领衔的一个国际科研团队取得的一项科研成果，被国际科学界权威期刊《自然》杂志刊登。这项科研成果在世界上首次揭开了南极"冰盖之巅"的神秘面纱。

在第 24 次南极科学考察时，孙波和考察队友对南极冰穹 A 中心区域 900 平方千米范围的冰层厚度进行探测，成功获得了冰厚分布和冰下地形三维数据。回国后，他们通过对数据进行解析，发现厚厚的冰层下覆盖的甘布尔采夫山脉简直是一座青藏高原。

甘布尔采夫山脉最高山峰海拔 2434 米，覆盖在上面的冰层最厚处可达 3135 米，最薄处也有 1649 米。在地球漫长的气候演化进程中，甘布尔采夫山脉被厚厚的冰层保护起来，没有受到风化侵蚀，完好地保存着不同地质年代于不同外力作用而形成的高山纵谷交错的神奇地貌。

早期流水作用形成的溪谷河床群，构成了冰下的甘布尔采夫山脉的树枝状地貌，之后经冰川作用，叠加出冰斗状、刃脊状等地貌，继而在冰川强烈的侵蚀作用下，产生了巨大的"U"形主干谷地貌，谷底与谷肩的垂直落差高达 432 米。

研究发现，甘布尔采夫山脉曾经存在发育完善的河流水系，约在距今

3400万年前开始出现冰川，伴随地球轨道周期变化，气候变冷，冰川覆盖区域渐次扩张，使这里成为南极冰盖的一个关键起源地。

自1912年德国气象学家魏格纳提出"大陆漂移"学说以来，地质学和生物学证据的不断发现，人们推测地球上确实存在过一个超级大陆——冈瓦纳大陆，南极大陆就是由这个超级大陆分离解体、逐渐向南漂移而形成的。

那么，这个超级大陆是怎样形成的，又是怎样分裂和漂移的？全球地质科学家在不断寻求答案。

如今，被冰雪严严实实覆盖起来的甘布尔采夫冰下山脉，就是形成于冈瓦纳大陆运动期间的古老山脉。甘布尔采夫冰下山脉的最高峰距离冰面只有1000米，甚至更近，是近1000万平方千米内陆冰盖中，唯一有可能直接获取地质样品的地点。

科学家如果能通过冰面向下钻探，直接"触摸"到甘布尔采夫山脉的"肌体"，钻取地质样品，就相当于找到了研究冈瓦纳大陆地质运动最关键的钥匙，从而找到研究南极和南美洲形成的钥匙。

南极冰盖下的秘密

当著名的南极探险家斯科特船长首次踏入南极麦克默多干谷时，曾经失望地记录道："我们见不到任何活体，甚至没有一棵苔藓和地衣……这无疑是一个死谷。"然而，科技的发展却向我们证明：南极内陆有特殊生命形态存在。

科学家对南极东方站、冰穹C站内陆深冰芯的分析显示，南极冰冻圈支撑着一些地球上最不寻常和极端的微生物生态系统，包括真菌、细菌、孢子、花粉粒和硅藻等，甚至包括我们以前从未见过的生命形态。

巨大的南极冰盖下方也不是结结实实的完整一块。

自20世纪60年代以来，科学家已经在南极冰盖下发现了140多个冰下湖。其中，位于俄罗斯东方站冰盖下约3700米的东方湖，是面积最大、最深的一个。科学家推测，湖中可能存在100万年前甚至1000万年前的古老原生态生命物质。

科学家还推测，南极冰下湖在长达3000万～3500万年的漫长时间里，完全与外部世界隔绝，但也许是由于有来自陆地深层的热量，河流和湖泊一直处于运动中。

2009 年，我国成功在冰穹 A 最高处建立了昆仑站，为解开这些科学之谜创造了有利条件。昆仑站目前还是一个"度夏站"，我国南极考察队员每年夏季到昆仑站进行科学考察。昆仑站的建设目标是成为一个"越冬站"，使我国南极考察队员能以昆仑站为依托，在高寒缺氧、极端恶劣的南极内陆冰盖最高区域，常年开展冰川学、天文学、地质学、地球物理学、大气科学、空间物理学等领域的科学研究。

❋ 南极麒麟冰下湖的冰面雪丘（李传金摄）

神秘、浩渺的南大洋

南大洋环绕着南极大陆，是唯一完全环绕地球而没被任何大陆分割开的大洋，具有独特的水文特征和丰富的生物资源，堪称地球上最鲜为人知的一片汪洋。

❄ 美丽的南大洋

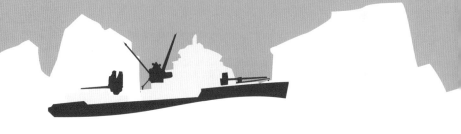

南大洋的冬至日

中国第 30 次南极科学考察，"雪龙"号首次环南极航行。一路上，我充分领略了南大洋之美，也深刻体会了南大洋之险。

"雪龙"号从中山站出发，自西向东航行，前往罗斯海维多利亚地进行科学考察站建站前期的准备工作。计划完成后，"雪龙"号继续向东航行，到长城站进行物资运输工作，紧接着再继续向东航行，返回中山站。

2013 年，我国船舶首次开展环南极航行，船上的气象、水文、海水、

阳光洒在南大洋海面上

大气、冰情等自动观测系统首次采集环南极海域的宝贵资料，填补我国极地考察的空白。

在与普里兹湾厚重的浮冰进行了好几天的艰苦斗争后，"雪龙"号终于冲破浮冰重围，踏上首次环南极的征程。一路上，南大洋美丽的景色令人沉醉。有时，灿烂的阳光洒在南大洋深蓝色的海面上，块块浮冰犹如白色碎花，稀疏地装饰着海面。时常可见冰面栖息着企鹅、海豹、海燕等可爱的动物，也会看到鲸鱼呼吸喷出的水柱。

傍晚时分的南大洋尤为迷人。淡淡的晚霞将天空染成粉色，深蓝色的海水被稀释成淡蓝色，块块浮冰从疾驰的船舷边流过，如梦如幻。天色渐暗，只见天空中出现了放射状的金色晚霞，倒映在平静的海面上，天地同辉相连，绚丽至极。

冬至日这一天，太阳直射点在南回归线上，是北半球一年中昼最短、夜最长的一天，而南半球恰好相反，昼最长、夜最短。

冬至日那天，"雪龙"号正航行在南纬 62 度左右的南大洋。此时的南大洋冰山点点，与北半球相比完全是另一番景象。"雪龙"号时而贴着浮冰区边缘线航行，时而在稀疏的浮冰地带航行。时常可见一座座大冰山，泛着幽蓝的冷光，傲然于浮冰之上。

每年冬季，南极周围都会结满厚厚的海冰，面积超过南极大陆。到了夏季，海冰迅速消融，最多时面积相当于南极大陆。南极海冰一年一度的生长与消融，堪称地球上最为壮丽的季节性变化，为世界各国科学考察船进出南极提供了难得的"窗口期"。

每年夏季，当海冰范围缩小时，各国科学考察船相继来到南极，运送考察站必需的物资、替换越冬考察队员。每年冬季，大范围的海冰将南极与世隔绝，各国只留下越冬考察队员，在冰雪大陆的考察站坚毅地守候。

南极冰盖、海冰、海水和大气四者相互作用的结果，是影响和调节全球气候的关键因素。科学家通过长期观测研究，认为南极海冰一般通过三种方式影响气候变化：一是海冰的隔绝作用和反射作用，二是海冰影响海洋水文气象过程的作用，三是海冰生长和消融的作用。

罗斯海的"圣诞节邂逅"

罗斯海是南大洋深入南极大陆纬度最高的边缘海，也是南极地区浮冰最少的边缘海。那里是地球上为数不多的接近原始状态的海域之一，南极 C 形虎鲸、阿德利企鹅和帝企鹅是那里的"常住居民"。

由于纬度高，早期南极探险家大多是从罗斯海踏上南极大陆。如今在罗斯海周边地区，韩国、德国、意大利均建立了科学考察站。距离罗斯海岸约 350 千米处，坐落着南极规模最大的科学考察站——美国麦克默多站。

前往罗斯海的途中，最奇妙的经历是看到阳光下落雪的景象。

　　"雪龙"号驶进一片浮冰区，远远地就看见前方一片乌云在海天交接处，一边天黑，一边天亮。随着"雪龙"号从阳光地带驶入乌云下面，海面上的光线瞬间从深蓝变成了浅蓝，船上的光线突然暗淡，远处一座沐浴在阳光下的白色大冰山却熠熠生辉。突然，空气中飘起了细小的雪粒，风突然变大。不一会儿，阳光又照射到船上，无数的雪粒在阳光下折射着光芒。我一边拍照，一边感叹着阳光中落雪的奇妙景象。

❄ 南大洋美景

最令我惊喜的还是圣诞节"邂逅"虎鲸。

那天一早，我就被舷窗外的美景"叫醒"了。与前一天阳光灿烂的景象完全不同，此时的南大洋天地间笼罩着一层薄薄的雾气，呈现灰白色。海面静如湖水，冰山林立。

我像往常一样，正在拍照，突然看到镜头里一座冰山的脚下，平静的海面上出现了涟漪，一条虎鲸正悠然地喷水。我赶紧换上长焦相机，捕捉到了虎鲸跃出海面、抬头张望的一瞬间。这是多么珍贵的圣诞节礼物！

❄ 虎鲸跃出海面

首次环南极航行

普里兹湾是南大洋印度洋扇面的最大海湾。我国的中山站位于普里兹湾"喇叭"的底部。"雪龙"号前往中山站，普里兹湾是必经之海。

❄ 普里兹湾景象

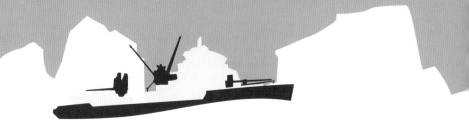

穿越"浮冰迷宫"

第 30 次南极科学考察时,普里兹湾的冰情十分严重。在"雪龙"号到来之前,澳大利亚的一艘极地科学考察船曾在普里兹湾被困十多天。"雪龙"号会不会也被坚厚的浮冰围困?考察队对此极为担忧。

2013 年 11 月 30 日,"雪龙"号在普里兹湾口驶入密集浮冰区。大块连片的浮冰铺满了海面,"雪龙"号只能以一两节的航速艰难前行,被撕裂的海冰露出一道道深蓝色的"伤口"。大块的碎冰在海水里翻转,露出冰底黄黄的冰藻,看上去足足有四五米厚。

大块浮冰之间存在一条条相对脆弱又如迷宫一样迂回复杂的"冰间水道",在这些"冰间水道"中开辟一条最佳航线,降低破冰成本,尽快抵

❄ 普里兹湾景象

达中山站外陆缘冰地带，是考察队的当务之急。

国家海洋环境预报中心每天发来冰情预报，为"雪龙"号提供航行方向。根据 11 月 29 日中山站卫星系统接收的 MODIS（中分辨率成像光谱仪）可见光图像分析，普里兹湾海冰外缘线进一步收缩，海冰密集度减小，海冰整体存在向西运移的趋势。专家建议"雪龙"号沿着海冰外缘线向西南航行，选择穿过 120 海里的密集冰区，到达中山站外的开阔海域。

为保障这次南极科学考察的破冰导航，北京师范大学全球变化与地球系统科学研究院和国家海洋环境预报中心、中国极地研究中心共同组成了保障团队，利用先进的卫星遥感技术为"雪龙"号绘制航行路线图。

早在"雪龙"号离开澳大利亚弗里曼特尔奔赴南极时，北师大团队就发现今年的冰情较往年严重，船只通过难度大。但中山站外围的接岸固定冰范围较往年要小一些，对在海冰上开展卸货工作较为有利。

往年，"雪龙"号从普里兹湾驶向中山站，通常是沿着中山站正北方向东经 76 度半方向航行。但北师大团队经过遥感分析，发现东经 76 度附近的区域为连片密实海冰区，而中山站的正北偏西方向尽管海冰也很密集，但存在不连续的"冰间水道"，存在通行的可能性。他们认为最佳入湾切入点在东经 73 度、南纬 65 度附近，同时绘制了由 14 个点位组成的航行路线图。

11 月 30 日，"雪龙"号按照航行路线图破冰前进。刚开始，航行很顺利，由于海冰较为破碎，"雪龙"号甚至可以推着冰向前走。但航行到一半时，浮冰越来越大，最大的甚至超过上百平方千米，加上冰上积雪很厚，破冰难度很大，"雪龙"号需要不断绕行，才能避免与大冰块"正面接触"。

针对新情况，北师大团队对导航线路进行进一步加密细分，给出了后半程110个航点组成的线路建议。

第二天傍晚时分，连续阴雪的南大洋天空放晴。考察队临时党委决定让船上携带的"海豚"直升机起飞，进行空中探路。我们记者也被安排随"雪龙"号船长王建忠和见习船长赵炎平同行。随着"海豚"直升机起飞，从空中俯瞰，南大洋99%的海面被浮冰覆盖，但还是有些"冰间水道"。

通过GPS定位比对航行路线图，两位船长确定了更为精确的航行路线。12月2日下午，"雪龙"号顺利抵达中山站东北方向的一个冰间湖。穿越冰间湖，于19时26分顺利到达中山站外陆缘冰地带。"雪龙"号抵达陆缘冰地带后就开展冰上卸货，将考察物资和科考设备等通过雪地车运送到中山站。考察队中首批15名队员也于当天乘坐"雪鹰12"号直升机抵达中山站。晚上，考察队还抓紧时间在中山站附近的普里兹湾布放了"海－气界面二氧化碳通量观测浮标"，普里兹湾是南极考察的重点海域。

与气旋和时间赛跑

"雪龙"号圆满完成中山站的任务后，就踏上了首次环南极航行的征程。这一路充满艰险，环绕南极大陆航行10000多海里，跨越24个时区，船时一共向前拨了24个小时。最重要的是，其间我们还经历了一场举世瞩目的国际救援行动。为了弥补因此耽误的整整 10 天的科考时间，"雪龙"号加足马力赶路。

我国罗斯海新建站的选址地与长城站相距 4000 多海里，相隔 140 多个经度，相差 9 个时区。"雪龙"号自 1 月驶离罗斯海以来，连续不断地遭遇气旋的"围追堵截"。有的气旋还十分"诡异"，忽左忽右、忽东忽西。主要原因是南太平洋副热带高压"功力"超强，将四五个环绕南极大陆的西风带气旋全部堵塞在西经 115 度以西的海域。副热带高压和一个个西风带气旋低压打起"遭遇战"，在海面上刮起八九级的"梯度风"。

整整一周，"雪龙"号舷窗外都是雾气蒙蒙，雨雪交加，寒风呼啸，白浪滔天。12 月 23 日，"雪龙"号还驶入了恐怖的浮冰密集区。驾驶台的雷达屏幕上，扫描出来的冰山密密麻麻，仿佛"冰山家族"集聚的"老巢"，看上去十分恐怖。值班水手紧紧把着舵，时刻紧盯海面，加强瞭望。

"按照惯例，在这种恶劣的海况下，'雪龙'号一般要驶进浮冰区避风或减速绕行。这次由于要为后续科学考察争取时间，船没有减速也没有绕行，一直近似于'大圆航行'。""雪龙"号船长王建忠说，"所谓的'大圆航行'，就是高纬度海区两点之间最短的航线。"

"雪龙"号不停地穿越时区，船上钟表指示的时间每天都要拨快一小时，大家饱受晕船之苦，生物钟也紊乱了，晨昏颠倒，苦不堪言。航渡期间，科考队员可以休整，但船员必须坚守岗位。几位厨师每天要按时为全船 101 人准备一日三餐，极为辛苦。

1 月 26 日，"雪龙"号抵达长城站附近。但由于又遇到气旋，天气状况不利，无法放小艇卸货。傍晚时分，天气越来越差，海面上刮起八九级大风，雨雪交加，船长决定在欺骗岛附近抛锚避风。

当天，"雪龙"号载着各类科学仪器，考察队在欺骗岛附近海域做了一天的大洋调查。

"长城站附近是我国南极考察的传统重点海域。对这一海域进行地球物理调查，有助于我们深入了解南极大陆漫长的形成过程和演化历史。"中国第30次南极科学考察队员高金耀说。

1月29日，经过长达12天、4000多海里的航行，"雪龙"号终于顺利抵达长城站，之后便昼夜不息地开展卸货作业。

位于西南极乔治王岛上的长城站，是我国在南极建立的第一个常年科学考察站，自1985年2月建成以来，几经扩建，现在已经有25座建筑。

"雪龙"号停泊在距离长城站约1.5海里处，船员和考察队员们通过"黄河"艇拉着驳船，将船上装载的上千吨物资和补给油料运送到长城站码头。

当时正值春节期间，除夕夜那天，考察队员们连年夜饭都没顾上好好吃。从大年初一到初三，许多船员几乎没合眼，仅用了60多个小时就将1000多吨物资和补给油料卸运到长城站，一次性完成了长城站的卸货任务。

为了保护南极环境，"黄河"艇还将长城站的10多个集装箱的垃圾和多辆报废汽车运回"雪龙"号，带回国内处理。

2月2日零时，全船上下响起了起锚的巨大震动声。黑夜中，"雪龙"号离开长城站前往阿根廷乌斯怀亚补给，同时接20名考察队员上船。

长城站距离乌斯怀亚约600海里，其间要穿越著名的德雷克海峡。连接太平洋和大西洋的德雷克海峡，是世界上最深、最宽的海峡。

环绕南极大陆的西风带气旋，从宽阔的南大洋进入狭窄的海峡内，遇到"瓶颈"，经常掀起狂风巨浪，十分凶险，德雷克海峡因此有"死亡海峡"之称。

"雪龙"号在乌斯怀亚进行补给后，再经德雷克海峡重返南极，在南

❋ 欺骗岛远景

极半岛进行为期8天的大洋综合考察。

　　"雪龙"号完成这一系列任务后就必须抓紧时间赶回中山站，踏上首次环南极航行的后半程。

欺骗岛

　　绵延 1000 多千米的南极半岛，犹如一根弯而细长的手指，位于"手指"北部尖端的岛叫作"欺骗岛"。欺骗岛，这个听上去并不美丽的名字到底从何而来呢？

　　欺骗岛的形状像字母 C，与我国长城站相距约 60 海里。它是南极著名的活火山，最近一次喷发是在 1969 年。在火山口破裂的环壁上，有一个狭窄的入口，即被称为"海神的风箱"的尼普顿水道。

　　关于"欺骗岛"名称的由来，并没有一个十分权威的说法，但有两种传说：

　　一是，1820 年 11 月，美国捕海豹者纳撒尼尔·帕尔默搭乘一艘船来到这儿，将之命名为"欺骗岛"，因为它的外围看似一个普通的海岛，但进入这个狭窄的入口后，可以明显地看出它是一个被淹没的环状火山口，容易造成视错觉。

　　二是，20 世纪初，有一天南极海域浓雾弥漫，几个捕鱼人在捕鱼途中发现浓雾中有个岛，可是海水涨潮，这个岛就消失了，好像这个岛根本不存在一样，"欺骗岛"由此得名。

❋ 欺骗岛

途经"魔海"

2月15日，南极短暂的夏季结束，正式进入冬季。这一天，"雪龙"号完成南极半岛海域的多学科海洋综合考察任务，日夜兼程加紧赶回中山站，接68名度夏考察队员一起回国。

当日，"雪龙"号以15节的最大航速航行在南极最大的边缘海——威德尔海。

以英国航海家詹姆斯·威德尔命名的威德尔海，被称为"魔海"，1823年，威德尔就曾到这片海域探险。威德尔海面积280万平方千米，其海陆架区几乎全部位于南极圈以内，严寒的气候使这片海域成为世界大洋中水温最低的海域之一。受到冷却的陆架水下沉，成为南极底层水，威德尔海是最早发现的南极底层水最大源地。

随着冬季的来临，南极的黑夜似乎越来越长了。在南极圈内航行，已经没有了极昼。

在一望无际的灰色南大洋上，一个西风带气旋一直跟在"雪龙"号身后追赶。向船尾方向望去，西风带气旋的雾气已经使太阳变成一个"圆盘"，悬挂在灰白色的半空，海面也是同色系的深灰色。天地间，红白相间的"雪龙"号在极速航行。

2月21日，"雪龙"号被一个西风带强气旋追上了。这个强气旋比12级台风还强大，中心气压达到956百帕。为了安全起见，"雪龙"号在南纬66度、东经48度浮冰区海域停船，动力抗风。

这片海域距离中山站还有八九百海里的航程，距离俄罗斯的青年站不远。前不久，日本的"白濑"号就是在这片海域附近触礁的，因此驾驶"雪龙"号要格外小心。

在大面积的浮冰打压下，波涛汹涌的海面平复了许多，"雪龙"号不再剧烈地上下颠簸。只听狂风怒吼，连绷得紧紧的吊车钢缆也被吹得不停摇晃。海面上，稀疏的浮冰随着风起浪涌不停摆动，呼啸的寒风吹起浮冰上的积雪，扬起阵阵雪雾。

由于这片浮冰区海域的冰山很多，"雪龙"号一整天都在保持机动，防止船被吹向冰山。在浮冰区机动航行中，还见到一群企鹅和两只海豹也栖息在浮冰区。狂风中，还有两三只海鸟在风中翱翔。在这片苦寒之地，见到它们感觉很亲切。

晚饭后，吹了一天的西风将厚厚的云层吹散，我们见到了久违的蓝天和阳光。然而几分钟后，强劲的西风又将厚厚的云层吹来，天地间又陷入一片灰白。南极的冬天果真来势汹汹啊！

南极大陆周围聚集了大量的冰山，"雪龙"号停泊在外围的浮冰区很不安全。晚上，驾驶台安排了船员双岗值班，开启了夜航灯，不停地向周围扫视，密切关注冰山动向，随时保持机动状态，防止船被大风吹向冰山。

次日凌晨3点多，"雪龙"号尝试离开浮冰区继续赶路。气旋虽然过境，但巨大的涌浪并没有消减。尽管有浮冰打压，海面上的涌浪仍达四五米。"雪龙"号曾向东、向北两个方向航行，均被巨大的涌浪阻挡，船身最大摇晃程度达到20度，许多人彻夜未眠。

这个航段是整个考察过程中最难熬的一段。日日气旋不断，南大洋天天脸色阴沉，时不时风雪交加，加上连续不断地往前拨时钟，我感觉体力、精力、毅力都到了极限。大家掰着指头算归期，还有整整45天。

2014年2月26日晚，"雪龙"号终于成功完成首次环南极航行，抵达距离中山站约3海里处的海面。由于下降风已起，第二天上午才开始

卸货。

　　"黄河"艇一直在熊猫码头与"雪龙"号之间进行物资卸运。熊猫码头是第 24 次南极科考期间建成的，位于中山站附近的鸳鸯群岛，三面临海，因纪念第四次国际极地年中国行动计划（PANDA，熊猫计划）而得名。

　　2 月 28 日，"雪龙"号圆满完成中山站二次卸货和 68 名度夏考察队员撤站任务，鸣笛驶离了中山站，继续进行大洋科学考察。中山站只留下 18 名越冬考察队员坚守，等待明年"雪龙"号载着第 31 次南极科学考察队的到来。

南极的精灵们

　　企鹅、海豹、海燕、贼鸥是可爱的南极之灵，正是由于它们的存在，世界尽头的冰雪大陆才拥有了生机和活力，它们才是这块大陆真正的主人，而人类，不过是前来拜访的客人。

❄ 阿德利企鹅

尊贵的帝企鹅

　　帝企鹅是南极的"形象大使"。我们乘坐"雪龙"号刚抵达南极，便远远看到这些"形象大使"列队前来，好像主人在欢迎客人的到来。

　　有一天，我正趴在冰面上拍摄钻出冰洞的海豹，突然看见一只帝企鹅远远地朝着"雪龙"号走来。自从我们的船停下来，听说已经有好几批帝企鹅上门拜访了，我忙于写稿都没有拍摄到，这次不能错过，于是我飞快地奔了过去。

❋ 成群的帝企鹅

这只来访的帝企鹅显然被我的热情吓坏了，一度准备趴下来滑着溜走，看到我停下来，并没有恶意，才又在那里站了一会儿，左顾右盼，伸伸脖子，仰天长叫了几声，还十分善解人意地摆出各式各样的姿势，等我拍照后才悠悠地走开。

❄ 仰天长叫的帝企鹅

在距中山站约 40 千米处，有一个帝企鹅岛，那里栖息了几千只帝企鹅。住在中山站的时候，我们乘坐直升机参观澳大利亚戴维斯站回来的途中，曾在帝企鹅岛上逗留了近半个小时。刚走下直升机，就看到一只可爱的小帝企鹅独自站在岩石上，悠然自得地不停鸣叫，见到我们到来，也不感到害怕。

南极的动物很少受到人类的伤害，基本不怕人，人与动物和谐相处。那天，许多成年帝企鹅都外出觅食了，岛上只剩下一身灰色绒毛的小帝企鹅，一群一群，聚集在几只成年帝企鹅身边。和人类社会一样，企鹅社会也有角色分工。这些留下来的成年帝企鹅，就充当着"企鹅幼儿园"老师的角色。在气候恶劣的南极，群居的帝企鹅必须互相协助，才能顺利繁衍后代。

俊秀的金图企鹅

我国南极长城站附近也
有一个企鹅岛，那里栖息了
上千只金图企鹅。漂亮的
金图企鹅长着白白的眉毛、
红红的嘴唇，身材也比帝
企鹅苗条得多。由于亚南极
地区气候相对温暖，生存条
件好一些，金图企鹅一般都要
生两个企鹅宝宝。

❄ 跳跃的金图企鹅

在长城站前面的海滩，我经常遇到金图企鹅。它们时而悠闲地在海滩
上散步，时而矫健地潜入海中捕鱼，有时也会好奇地站在一旁，看考察队
员忙前忙后地装卸货物。

❄ 散步的金图企鹅

俏皮的帽带企鹅

帽带企鹅最显著的特征是，脖子底下有一道黑色条纹，好像海军军官的帽带。帽带企鹅不仅名字俏皮，性格也很开朗。

🌸 吵架的企鹅夫妇和看热闹的企鹅

第一次住在长城站时，一夜暴风雪将天地之间染成一片雪白。

清晨 5 点多，我一个人背上相机，沿着长城站海岸线深一脚浅一脚地向西走，一边走一边拍。

举目远眺，乔治王岛白色的世界中，偶尔露出星星点点的黑色山陵，柔和的淡蓝色天空、粉绿色的海水，美不胜收。

突然，一群帽带企鹅跃入我的眼帘。它们一只只地从海水里冒出来，争先恐后地上岸，一摇一摆地在雪地里嬉戏，有的伸伸脖子摆摆头，好像在晨练；有的低头整理羽毛，好像在梳妆。

大多数企鹅夫妇都很和睦，但有一对企鹅夫妇走几步就吵上一架，整整吵了一个早上，还吸引别的企鹅看热闹。

优雅的阿德利企鹅

　　长着一双圆圆的小眼睛、身材娇小可爱的阿德利企鹅是我在南极见到的第 4 种企鹅。

　　阿德利企鹅是南极分布最广、数量最多的企鹅，在东南极的中山站和西南极的长城站，我都曾见过阿德利企鹅。它们大大方方地来，大大方方地走，仿佛在自家的花园里闲逛，自由自在，无拘无束。它们对人类的活动充满好奇，常常成群结队地在一旁看热闹，一看就是几个小时。在南极乔治王岛波兰站附近的山坡上，栖息了几万只阿德利企鹅。第 24 次南极科学考察中，我曾到这个"企鹅社会"参观。由于这个企鹅岛已经成为一个旅游景点，附近的波兰站考察队员就担负起保护企鹅栖息地的职责，一名队员带我们沿固定线路参观，尽量远离企鹅群，同时提醒我们不要聚在一起，不要大声说话，以免打扰企鹅休息。

　　在第 30 次南极科学考察中，"雪龙"号停泊在冰面。有一天将睡时分，听说船舷边来了一队小企鹅，我赶紧到船头拍摄。只见约20只阿德利企鹅正浩浩荡荡地走来，它们好奇地打量着大船，叽叽喳喳叫个不停，好像在七嘴八舌地讨论这是个什么东西。

❋ 一只"鹤立鸡群"的阿德利企鹅

不过，船舷边早已是贼鸥的领地，一队贼鸥日夜守候在船边厨房的窗口附近，好像觉得小企鹅们侵犯了它们的领地，几只贼鸥凶悍地叫了几声，小企鹅们也不甘示弱地叫起来，双方激烈地吵着。

看够了新奇的大船后，大部分企鹅还是妥协了，决定离开贼鸥的领地。有3只企鹅看得出了神，大部队离开了都不知道，等回过神来，赶紧撒腿就追，为了加快速度，跑着跑着就扑在冰面上滑行。

慵懒的海豹

第一次在南极近距离接触海豹，是在"雪龙"号到达中山站后。

有一天，我在甲板上看到两只海豹横卧在附近的冰面上，几名考察队员正给它们拍照片。我赶紧回房间穿好保暖的"企鹅服"，拿起相机跑下船，深一脚浅一脚地来到海豹身边。

海豹一眼看上去似乎与美丽无缘，但仔细观察又自有其可爱之处。小巧玲珑的头，圆溜溜的眼睛，肥硕的大屁股，皮肤十分光滑，曲线很优美。

天空中不断飘落碎碎的雪花，尽管穿了厚厚的衣服，我们仍然感到寒气扑面而来，海豹却非常享受地躺在冰面上，呼吸着新鲜空气，慵懒闲适。

过了一会儿，有两只海豹似乎被我们打搅得不耐烦了，身躯一扭一扭地走开了。我们都不敢去追，因为不远处的冰面上有一个黑乎乎的海豹洞，冰下是3000米深的海水！

❄ 扭动身躯的海豹

每当海冰封冻海面时，海豹为了呼吸新鲜空气，就会用锋利的牙齿啃噬海冰，弄出一个冰洞，钻出来。我们在冰上行走时，最担心的就是踩进被积雪掩盖的海豹洞。

"凶悍"的贼鸥

贼鸥虽然名字不好听，但长相并不难看，灰褐色的羽毛干净整洁，小小的脑袋上一双圆圆的大眼睛炯炯有神。

❋ 张开翅膀的贼鸥

贼鸥嘴很馋，整天围绕着"雪龙"号上下盘旋，希望能发现好吃的，甚至连考察队员采冰用的仪器，它们也会用嘴啄一啄。一旦发现了可以吃的美食，贼鸥就会一拥而上。为了争口吃的，它们甚至还会打起来，发出"嘎嘎嘎"的叫声，翅膀扑腾个不停，力气小的打输了，就会灰溜溜地飞到别处觅食，剩下力气大的独享美食。

贼鸥是企鹅的天敌，尤其是在企鹅繁殖的季节，贼鸥会不知疲倦地守在企鹅的栖息地，等待时机敏捷地叼走企鹅蛋或企鹅宝宝，躲到僻静的地方饱餐一顿。

我真正领略到贼鸥的凶悍，是在长城站的山上。那天，我们已经卸货完毕，就要撤离长城站了，我一个人到长城站后面的山上登高望远。在一个地衣茂密的山头，我不小心误入了贼鸥的领地，两只深灰的贼鸥张开巨大的翅膀，瞪着圆圆的大眼睛，凶猛地向我扑过来，正在低头爬山的我被吓出一身冷汗，赶紧停下脚步。贼鸥却不依不饶，一左一右、一前一后在我周围盘旋，不停地警告我快点儿离开，直到监视我撤离它们的"势力范围"才罢休。贼鸥的凶悍果然名不虚传！

风中的南极海鸟

从中山站前往长城站途中，我常常到船边拍海鸟。

海面上的风很大，吹得人眼睛都睁不开，但一只只小巧玲珑的海鸟却非常享受地迎风滑翔，仿佛在冲浪一般，成群结队地嬉戏玩耍，有时围绕着"雪龙"号上下盘旋，有时又到波浪中"蜻蜓点水"吃磷虾。

南极海鸟的种类很多，其中南极海燕就有约 19 种，它们属于管鼻鸟，嘴角有一个鼻孔状的管子与胃相通，平时被鼻涕状的糊状物封住，遇到紧急情况时，就会从这根管子里射出黄色的具有浓烈腥臭味的液体，用来击退敌人，射程足足有半米远。

❄ 南极海燕

企鹅粪、海豹毛里的秘密

在广袤无垠的南极大陆，约98%的土地为冰雪所覆盖，只有不到2%的土地是无冰区。南极大陆虽然面积很小，却是南极最生动的地区，是冰、水、岩、土、气和生物相互作用最富有活力的场所。

科学家通过探索南极无冰区圈层界面上的物质循环，可以解读极地气候变化、环境变化，冰川进退，海鸟、海兽与植被的空间布局与迁徙，观察极地食物链随环境变化的细微变动，追寻人类活动的历史进程在极地留下的蛛丝马迹，从而在全球范围内考察人类活动与自然因素对极地生态环境变化所产生的影响。

从我国第15次南极科学考察开始，中国科学技术大学孙立广教授就致力于在南极无冰区寻找企鹅粪土沉积、企鹅残骨，海豹粪土沉积、海豹毛，古海蚀龛沉积、植物残体等古环境信息的载体，以揭示南极生物、环境及其与全球的关系。

在科学家眼里，企鹅是气候变化的"生物指示计"。

在我国南极长城站附近的阿德利岛上，孙立广教授采集了多处湖泊沉积样品，通过对这些沉积样品中的企鹅粪标志性元素组合进行深入分析，在国际上首次恢复了阿德利岛地区过去3000年中企鹅数量的变化。

研究显示，在距今 2300 年—1800 年间，南极阿德利岛地区的企鹅数量锐减，达到最低；在距今 1800 年—1400 年间，气候相对温凉时期，企鹅数量较多。这主要是由于企鹅对温度变化非常敏感，过高或过冷的气候条件均不利于企鹅生存，温凉的气候条件有利于企鹅繁殖生存，企鹅数量会不断增多。根据企鹅数量的变化，科学家可以推断出当时南极的环境与气候。

在西南极的西格尼岛，科学家还发现了一些距今约 6500 年、保存完好的海豹毛。由于毛发主要为角质蛋白，能长时间稳定保存，有较强的耐酸碱腐蚀能力，不易降解，因此，分析海豹毛中的化学元素含量，也可以揭示南极环境变化的秘密。

事实上，近代大工业发展带来的污染，不仅使海豹毛中汞的含量增加，其他化学元素（如铅）的含量也在增加。此外，科学家还在南极企鹅粪、海豹毛中，检测出 DDT（有机氯类杀虫剂）、二噁英等有毒物质，远离人类活动区的南极洲也受到了人类活动的影响。

北极篇

　　地球南北两极虽然都是冰雪世界，但因地理位置迥异，二者的"脾气性格"也不一样。如果将南极比作一位落落大方、国色天香的北方美女，北极则像一位忧郁温婉、美丽纤弱的南方佳人。

　　北冰洋独特的美丽令人陶醉，但她对全球气候变化的敏感与脆弱，又令人心痛不已。

北极浮冰

其实，北极是全球气候变化最敏感的地方，海冰覆盖面积不断减少，这不是一个孤立的事件，而是一个导火索，正在引发海洋和大气的一系列变化。

❄ 北极浮冰

脏兮兮的浮冰

2010年7月跟随中国第4次北极科学考察队，乘坐"雪龙"号进入北冰洋，第一次看见北极浮冰时，我惊讶得几乎不敢相信自己的眼睛：北极的浮冰居然是"脏"的！

❄ 北极脏冰

在北纬71度、西经168度附近的北冰洋海域，我们乘坐"雪龙"号首次驶进了一片"脏"冰区，只见一块块淡蓝色的浮冰中间夹杂了许多土黄色、看上去脏兮兮的浮冰。

"北极的浮冰为什么这么脏？难道人类的污染已经如此严重，连地球之巅的浮冰都被污染成这样了？"第一次看到北极"脏"冰时，我不禁心痛得泪流满面。

解开"脏"冰之谜

此后，我采访了考察队里的多位海洋科学家，才发现自己的这种心痛过于敏感。

主流观点是，北极冰"脏"并不完全是因为受到人类污染影响，还受到北冰洋沿岸陆源、大气等因素影响。与围绕南极大陆、呈环形分布的南极海冰不同，北极海冰分布在北冰洋及其周围海域。南极大陆常年被冰雪覆盖，渺无人烟，而北冰洋周围都是人类居住的大陆，沙尘、大气等陆源物质必然会流失到海冰里，"污染"洁白无瑕的海冰。

还有一种观点是，与海冰里的一种生物——冰藻有关。虽然从表面上看，海冰一尘不染，纯净得好似没有任何杂质，但如果在海冰上钻取一个冰芯或由破冰船将海冰翻起，就会发现海冰中间或底部有黄褐色的杂质，这就是生活在海冰中的冰藻。在海流小的地方，冰藻群从海冰底部垂下，就像海冰底部长着厚厚的"草坪"一般。

据科学家研究，冰藻的营养十分丰富，甚至比巧克力的热量都高。冬季，冰藻进入海冰，像种子一样贮存在海冰中；夏季融冰时，冰藻从海冰中脱落，充分利用明媚的阳光和海水的丰富营养，迅速生长、繁殖，大部分沉入海底，变成底栖生物的食物。

的确，在一片"脏"冰比较密集的海域，大家就首次"邂逅"了一只北极熊。当时，它正在埋头吃一只海豹，突然看到"雪龙"号这个庞然大物开过来，吓得掉头就跑，一边跑一边回头恋恋不舍地看着到嘴的食物。这片"脏"冰区也许正是由于有丰富的底栖生物为许多海洋动物提供了充裕的食物，所以成了北极熊的"觅食基地"。

此后，在另一片"脏"冰区，我们还看到了北极海象。在一块块"脏"冰上，海象成群结队，有的慵懒地趴在冰上晒太阳，看到"雪龙"号开过来，吓得争先恐后地钻进水里；有的悠闲地在"雪龙"号附近游泳，看上去十分享受，丝毫感觉不到北冰洋的寒冷。

海象是一种生活在北极地区的鳍脚类动物，身体呈圆筒状，皮肤又

❋ 晒太阳的北极海象

厚又皱，四只小小的鳍看上去与身体很不协调，嘴上还长了两根长长的大门牙。海象虽然外表丑陋，但性格温柔，喜欢群居。许多考察队员都注意到，海象众多的"居民区"，浮冰明显"脏"得多，以至大家纷纷猜测，是不是海象把北极的海冰弄"脏"了？

在整个航行过程中，我观察到北极"脏"冰似乎集中在一定范围内，时有时无。有时"雪龙"号犹如行驶在一片"烂泥地"，满眼望去都是"脏"冰；有时"脏"冰夹杂在许多洁白的浮冰中间，或是一大块浮冰半边"脏"半边"干净"，或是一块浮冰周边很"脏"中间"干净"。但更多的时候，北冰洋上的浮冰还是像南极的一样洁白无瑕，映衬着湛蓝色大海，勾勒出许多美丽的图案。

北极"脏"冰不仅引起了我的好奇，还引起了队里科学家的极大兴趣。在"雪龙"号驶进"脏"冰区后，来自美国得克萨斯大学的海冰专家谢红接就天天守在驾驶台，细致地观察记录"脏"冰。

"我觉得很奇怪，如果说'脏'冰是受到海岸带地区沉积物的影响，那沉积物应该是在当年的新生冰块上，现在为什么大面积的多年冰上也有沉积物？为什么一整块浮冰上，一部分有沉积物一部分没有沉积物？南极的海冰里也有冰藻，为什么南极的冰看上去没有这么"脏"？为什么有的'脏'冰区海象多，有的'脏'冰区却没有一只海象？"谢红接说。

他表示，回去以后将采样高精度的卫星图片对北极"脏"冰的分布趋势、流动路线等进行跟踪研究，追根溯源，查找到"脏"冰的源头。大自然的神奇奥秘，正是在科学家们不断的追问和探索中才逐渐揭开神秘的面纱。

北极，大熊座下方的"极北之地"

北极，英语是 Arctic，源自希腊语 Arktos，意思是熊。北极也指人们看到的大熊星座下面的地区。北极的中文含义是地球的最北端，泛指北极地区（The Arctic），包括北极点、北冰洋、北极圈以及环北冰洋的广袤冻土带。

北极点，即地球的自转轴和地球表面两个交点中的北面的那个点。

北极圈，即北半球 66.5 度 34 分的点连成的圈。

北极地区从里到外由北冰洋、边缘陆地海岸带及岛屿、北极苔原、泰加林带组成，宽阔的浅水边缘海形成了世界上最大的陆架区。最大的岛是格陵兰岛，最大的群岛是加拿大的北极群岛。

北极圈和南极圈有很大的不同，南极圈的中心是南极大陆的大片陆地，北极圈的中心是北冰洋的中心海域。

南北两极在地理地貌上最显著的差异是：

北极是地球最北端的凹陷部分，四面由大陆环绕，中部是近于封闭的永久性冰冻海洋北冰洋，被喻为"白色的海洋"。北冰洋是世界四大洋中面积最小、平均水深最浅的。

南极是地球最南端的凸出部分，是一个四周由海洋包围的孤寂大陆，

被喻为"白色的大陆",全境平均海拔为 2350 米,是世界七大洲中平均海拔最高的大陆。

北冰洋和南极洲的面积非常接近,都在 1400 万平方千米左右,同时北冰洋与南极洲的地理形态也很相似,许多地理单元还可以南北对应。

冰上融池

北冰洋位于地球的顶端，冬夏两季的面貌截然不同。

8月，我们乘坐"雪龙"号到达北冰洋时，正值北冰洋的盛夏，大自然给北冰洋换上了美丽的"夏装"——冰上融池。

❄ 冰上融池

北冰洋的"美丽夏装"

在极昼的阳光照射下，覆盖在北冰洋海冰上的积雪渐渐融化，洁白的冰面上形成了许多大大小小、造型各异的冰上融池。融池的颜色深浅不一，浅的融池是淡蓝色的，深的融池是深蓝色的，与海水相连的融池是深黑色的。

冰上融池是夏季北冰洋一个重要的自然现象，研究冰上融池是研究北极海冰快速变化机理的一个重要组成部分。据中国海洋大学赵进平教授介绍，夏季北冰洋的海冰融化是一个十分复杂的过程，并不是人们想象的那样，太阳照射到冰面上，使海冰一层层融化。大规模的融冰过程主要来自海冰"浸泡"在海水中的下表面。部分太阳辐射穿透海冰到达冰下使海水升温，产生"冰下暖水"。"冰下暖水"还有一种来源，就是从无冰海域"嵌入"冰下的暖水，这种"暖水融冰"的过程相当于给海冰洗"热水澡"，促使海冰融化。

海冰快速融化的另一个重要原因是海冰内部有孔隙。海冰冻结的时候，盐分逐渐汇集起来，排出体外，留下了大量孔隙。夏季来临后，太阳辐射加热了孔隙中的空气和随后渗入的海水，导致海冰从内部融解，冰层变得疏松，硬度下降，海冰的堡垒就这样从内部被攻破。

　　"腐烂"的海冰开始分裂，被"分而治之"，来自四面八方的热量发起"进攻"，海冰在"节节败退"中融化。同时，北冰洋的风将海冰搅碎，使海冰融化加速，数万平方米的"冰场"可以在一夜之间消失得无影无踪。

　　"如果再给海冰多一些时间，太阳在北半球再多停留一段时间，北冰洋的海冰也许会全部融化。但夏至过后，太阳直射地球的位置就会逐渐南移。当冬季来临，北冰洋的海冰便会卷土重来，重新统治这个寒冷的世界，形成周而复始的循环。"赵进平教授形象地说。

　　按照以往的正常规律，北冰洋夏季海冰的融化程度一般在10%左右，但在2007年，海冰大面积融化，达30%以上，这引起了世界各国科学家的极大关注。我们乘坐"雪龙"号在北冰洋一路所见的，都是"蓝白相间"，甚至是蓝色多于白色的景象。

变小变薄的"冰帽子"

　　以往的研究表明，北冰洋 2/3 以上的海面全年覆盖着 1.5～4 米厚的巨大冰块，越是靠近中心地区冰层越厚实。不过，"雪龙"号在第 4 次北极科考过程中，航经水域测得海冰的最大厚度也只有 3.1 米。

　　若干年后，北冰洋真的会变成一片蓝色的海洋吗？

　　北冰洋是北极系统的主体，面积占北极地区的 60% 以上。北冰洋常年戴着一顶白色的"冰帽子"，一旦这顶"冰帽子"消失不见了，北冰洋的性格会发生什么变化？对世界气候又会造成什么影响呢？

冰上融池

北冰洋的"门户"

　　在我国历次北极科学考察中，第一个海洋综合调查站位都设在白令海。

　　"白令海"的名字来源于探险家白令。为纪念这位伟大的北极探险家，俄国将连接太平洋与北冰洋之间的海峡和其南部海域命名为"白令海峡"和"白令海"。

❄ 白令海美景

世界第三大边缘海

白令海是世界第三大边缘海。作为北冰洋的"门户"，白令海是太平洋水进入北冰洋的必由之路，与北冰洋有密不可分的关系。

"白令海与北冰洋的关系不仅仅是'借路'。在海洋动力学上，白令海是一片非常独特的海，不研究白令海，北冰洋的很多问题就说不清楚。"赵进平教授对我说。

赵进平教授介绍说，白令海是一个半封闭海，南面是著名的阿留申群岛，北面是白令海峡，东西两侧分别是美国的阿拉斯加和俄罗斯的远东地区。

阿留申低压区是地球上为数不多的几个常年存在的大气低压区，常年笼罩在白令海的上方。由于这个低压区的存在，大风成了白令海的"常客"，春秋冬三季，白令海强大的旋涡风场都令人望而却步。

阿留申低压区如同一个大水泵，不停地把白令海的深层海水泵到表层，在白令海形成大规模的上升流。由于海洋深处的水重，提升深层水要做很多功，消耗大量能量。阿留申低压区可以将4000多米深的海水泵到海面，堪称世界上最大的"水泵"。

"大洋深处的海水很难有机会上升到海面，白令海是深海与海面沟通

的主要通道。从太平洋、印度洋、大西洋缓慢流过来的深海水汇聚于白令海，通过这个'水泵'离开黑暗、寒冷、寂寞的洋底，升上来看看海表面是什么样的。"赵进平教授形象地说，"不过，这个过程非常漫长。从南极的海水下沉区到白令海一般要流几千年。即使流到白令海，也要 5 年左右的时间才能升到表面，真的是'千年等一回'。"

白令海虽然不属于北冰洋的范畴，但它的变化在深层次上影响了北极的变化过程，是北极研究的重点海域之一。

海水如何"移民"

与其他大洋相比，北冰洋还是一个"海水移民"的世界。白令海是北冰洋"海水移民"过程中的必经之路。

从地球仪上看，北冰洋宽敞的"前门"正对着大西洋，狭窄的"后门"开在白令海峡。通过这两扇门，大西洋的水和太平洋的水可以自由"移民"到北冰洋。北冰洋约 80% 的水来自大西洋，大西洋的水势很大，分两路"移民"进入北冰洋，其流量相当于我国长江的 20 倍。

大西洋水又暖又咸，北冰洋的寒冷天气使大西洋水迅速降温，形成高密度的下沉水流，进入海洋中层，向北冰洋纵深流动。这些中层水的热量被很好地保存下来，温度高于北冰洋的上层水和深层水，大范围地影响着北冰洋体内的热量平衡。

由于太平洋水的盐度要比大西洋水低得多，经白令海峡"移民"到北冰洋的太平洋水，虽然同样经历了冷却过程，却没有像大西洋水一样下沉，而是在上层向北冰洋的中央扩展。在北冰洋上层海水中，到处都能找到太平洋水的痕迹。

进入加拿大海盆的大西洋水是贫瘠的水体，其营养物质在长途旅行中已经被消耗殆尽。而来自太平洋的水富含硅，有利于多种藻类生长，是北冰洋靠近太平洋一侧富庶的营养物质来源。

来自深海的水中含有大量营养盐，是海洋食物链的基础。由于海洋中主要动植物都生活在上层海水中，深层海水的营养盐很少被消耗。白令海源源不断泵上来的深层海水中携带了丰富的营养盐，可以持续供养大量生物，在白令海形成了巨大的渔场，主要集中在靠近俄罗斯的海域和靠近美国的陆架区。

白令海的海洋生物非常丰富，春秋两季是浮游生物最旺盛的季节，它们大多以硅藻为"主食"。白令海主要盛产巨蟹、虾，以及300多种鱼类。此外，白令海的鲸类也非常丰富，如虎鲸、白鲸、长须鲸、黑板须鲸、露脊鲸、巨臂鲸、抹香鲸等。我们乘坐"雪龙"号在白令海一路航行过程中，有幸目睹了鲸鱼在大海中"惊鸿一瞥"的曼妙身姿。

乘坐"雪龙"号经过10天的航行后，我们于7月10日抵达北纬52度42分、东经169度21分的白令海第一个海洋综合调查站位，打响了中国第4次北极科学考察的"第一枪"。

白令

北冰洋的"门户"——"白令海"来源于探险家白令。白令（1681—1741），俄国航海家，原籍丹麦，曾任俄国海军军官。

❄ 白令

1724年，白令奉彼得一世的命令，勘察西伯利亚和美洲的大陆是否接壤。白令率领探险队沿着北太平洋西海岸航行，证实西伯利亚与美洲不相连。

17年后，白令再次率领探险队出发，他在鄂霍次克海建立了一支舰队，然后向东航行，一直到看到北美为止。

在回航途中，白令的船在浓雾中迷失了方向，他和船员们不得不在勘察站附近的一座从未有人居住过的岛上停留。最终，白令病逝于以自己名字命名的白令岛上。

在"龙宫"里挖宝

进入白令海后，"雪龙"号一改往日赶路时"风风火火"的状态，一路上走走停停。按照事先设计的调查站位，考察队一站接一站地进行综合考察。

※ 桡足类

深海挖"泥巴"

在我国古典文学名著《西游记》中，吴承恩将海底世界形象地称为"龙宫"。在海洋科学家眼中，"龙宫"里到处是宝贝，甚至连海底的"泥巴"都是科学研究的对象。在"雪龙"号尾部，生态和地质组的考察队员负责"挖泥"，采集深海沉积物。

在海水的覆盖下，海洋看上去广阔无垠，其实海底地形和陆地一样，高山耸立、沟壑纵横、平原千里、丘陵逶迤。

面积约231.5万平方千米的白令海，东部是宽广平坦的大陆架，西部是4000米以上的深海盆，这是截然不同的两个世界。考察队员主要采集白令海西部深海盆的沉积物。

海水越深，海底的"泥巴"越难采到，考察队员们携带了3种先进的采泥器，分别是重400千克的箱式采泥器、重700千克的多管采泥器、重1吨的重力柱状采泥器。

采泥器不同，采集的泥也不一样。张开后好似一个大嘴巴的箱式采泥器主要采集海底表层的泥。

3种采泥器被挂在"雪龙"号尾部万米绞车的钢缆上，缓缓地沉入大海，一旦触底就会自动打开采集沉积物，再被缓缓地吊上来。这一上一下

往往需要两三个小时。

　　无论白天还是黑夜，只要"雪龙"号到达预定站点，考察队员们就立即投入采泥工作。对这些来自深海的泥巴，他们有一套严密的取样程序。

　　先是观察记录，将海泥的颜色、味道、软硬程度、颗粒物大小、特殊颗粒物等记录下来，并拍下照片。如果采集的是海底表层泥，研究重金属或化学污染的考察队员会优先采样，接着是研究海洋微生物的考察队员采样，最后是地质研究人员采样。

海底的"彩色地毯"

　　不同的海域，海底沉积物的颜色和颗粒物会呈现不同的特征。一般来说，从靠近陆地的边缘海到深海大洋，海底沉积物依次会出现黄色、浅灰绿色、灰绿色、淡蓝色、乳白色、褐色、褐红色等色彩变化，颗粒物也会由粗变细，依次出现砾、砂、黏土。

　　考察队员在白令海的一些站位采集到的海底沉积物大多呈青灰色，质地十分细腻，第一个站位的深海沉积物中还罕见地含有砾石。

❄ "龙宫"里的"彩色地毯"

色彩斑斓的海底沉积物，犹如铺在"龙宫"里的一块"彩色地毯"，很华丽。不过，编织这块"地毯"却很不容易。尤其是在深海，海底沉积速度极其缓慢，每千年的沉积物厚度只有几毫米。而且，并不是所有的海底都铺有"地毯"，有的海底区域会在相当长的时间内没有沉积，科学家称为"沉积间断"。

由于海底沉积物主要由泥沙、黏土、海洋生物壳体、化石、碎屑等组成，因此，肉眼看上去平淡无奇的深海"泥巴"在生物学家的显微镜下，却是一本内容丰富的"海洋古生物图册"。

从太古代至今，不同地质时代的海洋生物化石都会保存在沉积层中。生物学家通过研究这些古生物化石，掀开一页又一页不同地质时代海洋生物历史的画页。在海洋地质学家眼里，深海沉积物中黏土的不同成分和含量忠实地记载了地球海陆变迁的信息。

相对于比较枯燥的"挖泥巴"，到海底"捞鱼"更能引起全体考察队员的兴趣。

大陆架与大洋底之间的大陆坡，是海陆之间的"桥梁"。这座"桥梁"一头担着大陆型地壳，一头担着大洋型地壳，地理位置优越，物产丰盛，是许多海洋生物喜欢居住的"鱼米之乡"。

在白令海大陆坡海域，科考队海洋生物生态组将底栖生物拖网放入大海。

通过"雪龙"号船尾的绞车钢缆，底层生物拖网缓缓沉入大海，并在"雪龙"号的带动下，贴着大陆坡海底缓缓拖行了半小时。

在回收拖网的时候，当近一吨重，已经被"撑"得圆鼓鼓的拖网"肚子"被打开的那一瞬间，所有人都惊奇地睁大了双眼。

这是怎样一个丰富多彩的海底世界！

只见眼前无数的海蛇尾堆得像小山一样高，每只蛇尾又细又长的手腕都在挣扎、蠕动着；"蛇尾山"中间埋着许多巨大的蜘蛛蟹，蟹脚张开至少有一尺长。"蛇尾山"里还有许多海蛇尾的棘皮动物门"亲戚"，如海星、海胆、海参、海百合等，此外还有许多不知名的贝类、多毛类，以及种类繁多的虾类、鱼类等。

考察队员花了很长时间才分拣完毕。第二天，考察队又两次将底栖生物拖网沉入大海，一共拖上来两吨半重的底栖生物，其中一次拖网的"肚子"都被"撑"破了。

世世代代生活在大海中的海洋生物，是海洋环境变化最敏感、最忠实

❄ 北极鳕

的记录者和参与者。

　　科学考察紧紧围绕着北极海冰快速变化及北极海洋生态系统对海冰快速变化的响应两大科学课题，共完成 135 个海洋站位的综合调查。

　　这是我国首次在白令海海盆 3742 米水深处完成连续站位 24 小时的海洋学观测，首次将海洋考察站延伸到北冰洋高纬度的深海平原，也是我国当年北极科学考察中，项目最多、内容最全、获取样品量最大的一次。

极海融冰

　　海冰似乎失去了坚硬的本色，一块块海冰像患了软骨病似的漂浮在海面上。用冰钻钻取冰芯非常省力，但多数冰芯因为含水量太高而不能使用。冰的内部已经"腐烂"，人踩在上面像过沼泽地，一不小心就会陷进去。

❋ 北极海面融冰

卸去"甲胄"换"轻纱"

近年来北极海冰快速融化不仅仅是抽象的科学研究结果，更是许多海洋科学家亲眼见证的。赵进平教授就是众多科学家中的一位。

他亲眼见证，1999 年中国首次北极科学考察队来北冰洋的时候，海冰还坚如磐石，好像北冰洋穿在身上的一副"甲胄"。破冰船即使反复撞击海冰也难以前进，考察队吃尽了苦头。

"那时候，我们在冰上作业非常安全，可以随心所欲地在冰上钻孔取样，冰芯的质量都非常高。在冰上布放卫星跟踪浮标要找比较厚的多年冰，因为多年冰厚实坚硬，可以坚持较长时间。那时找一块多年冰也是非常容易的，可以挑挑拣拣，择优'录用'。"他回忆说。

2003 年跟随中国第 2 次北极科学考察队来到北极的时候，海冰的状况让他大吃一惊。

虽然海冰状况不佳，但考察队仍需要在冰上布放卫星跟踪浮标。然而在方圆几百万平方千米的海域内，竟找不到坚硬可靠的多年冰，只能依靠先进的卫星遥感设备继续寻找。好不容易在图像上发现了一块大面积的平整冰原，经验丰富的俄罗斯领航员认为那毫无疑问是多年冰，冰的厚度至少有 4 米。可飞到近处一看，仍然是厚度不超过 0.6 米的当年冰。

　　建立"冰站"，进行海洋、大气、海冰的联合作业考察，是我国北极
科学考察队的重要任务。1999年，中国首次北极科学考察队在北纬74度
完成了这一任务。2003年，中国第2次北极科学考察队在北纬79度找到
了一块状态较佳的海冰，完成了"冰站"考察任务。2008年，中国第3次
北极科学考察队在北纬84度为寻找一块密集度高、表面平坦的大面积浮

❄ 浮冰冰站

冰，多次派出直升机四处寻找，最终也完成了这一任务。

到 2010 年，中国第 4 次北极科学考察队乘坐"雪龙"号打破了北纬85 度 25 分的中国航海史最高纬度纪录，"长期冰站"建在北纬 86 度。此后，"雪龙"号航行到北纬 88 度 26 分，再一次创下中国航海史上的新纪录。

海冰的气候效应

"北极是全球气候系统运转的巨大冷源之一，对全球大气和海洋环流有重要和长期的影响。海冰是热的不良导体，是大气和海洋热交换的屏障。海冰的变化具有明显的气候效应，是北极冰盖最活跃易变的成分，是最重要的影响因子之一。"赵进平教授说。

全球变暖对北极海域最直接的影响是海冰覆盖面积减少。研究表明，北冰洋的多年冰覆盖面积大约每 10 年减少 10%。多年冰是北极冰盖的支柱，北极永久冰盖的减少是一个重要的信号，表明北冰洋已经在变暖。

此外，北极海冰的厚度也发生了明显变化。以往北极夏天的平均冰层厚度为 4.88 米，到 20 世纪末只有 2.75 米左右，减少了约 43%。进入 21世纪以来，北极海冰的减退速度已经大大超过了人们的想象。最为显著的是 2007 年，海冰比 2006 年锐减 27%，海冰覆盖面积达到 360 万平方千米的最低值。

"海冰变化不是一个孤立的事件，而是一个导火索，引发了海洋和大气的一系列变化，从而使得北极对气候变化产生显著的反馈作用，诱发北极海洋、海冰、大气系统的快速变化。"赵进平教授非常感慨地说，"海冰曾经是北冰洋的'甲胄'，如今'甲胄'越来越薄，越来越软，几乎变成了'轻纱'，实在不可思议。全球变暖让全球科学家面临许多科学新问题！"

在中国第 4 次北极科学考察期间，考察队在北纬 87 度附近的北冰洋一块大面积海冰上建立"长期冰站"。

"雪龙"号停泊在海冰之中，海冰看上去纹丝不动，但考察队员布设的各种仪器和观测设备，却能敏锐地捕捉到海冰变化的"蛛丝马迹"。

大家很快发现，不仅海冰表面在融化，海冰下部分也在融化，速度大约为每天 1 厘米。这个速度虽然还不至于危及"长期冰站"的安全，却也让人吃惊。因为冰下海水寒冷得接近冰点，海冰的融化速度令人始料不及。按照这个速度，这块 1.7 米厚的海冰在冬季到来之前还会融化半米以上。

根据以往的研究，夏季，冰上融池应该不断加深，最后形成通透的融池。

刚在北极海冰上建立"长期冰站"的时候，冰面上覆盖了 10～15 厘米厚的雪层。行走在冰面上，许多考察队员都感觉越来越难走，雪橇拉起来也越来越吃力。

起初，大家以为是连续冰上作业累了，后来才注意到，是冰面积雪的密度在下降，雪下部的含水量在增大，增加了雪橇的阻力。原来，雪在融化过程中不是越来越薄，而是越来越稀疏。

冬季，穿透厚冰进入大气的海洋热量只有 2～3 瓦每平方米，而开阔的海水水面提供的热量可以达到 300 瓦每平方米，海冰变薄和消退直接影响海洋对大气的"热贡献"。

由于冰雪面和水面的反照率不同，夏季，海冰面积的大小还直接影响海洋吸收的太阳辐射能。

冰雪表面的反照率高达 80%～90%，而海水的反照率只有 5%～9%。冰雪将大量太阳辐射能反射回太空，而海水将太阳辐射能的绝大部分吸收，用于融化海冰和加热大气。海水吸收的太阳辐射能是海冰的 10 余倍，海水面积每增加 10%，北冰洋吸收的总能量增加 100%。这类似在夏天穿白色衬衫比穿黑色衬衫更能使人们觉得凉爽。

永远找不到"北"的点

北极点被人们称为"世界之巅"，站在北极点，东、西、北三个方向都毫无意义，世界只有南这一个方向。绕着极点转一圈，就可以轻松完成环游世界的梦想。

❄ 北极点风光

神秘的北极点

北极点是所有经线在地球最北端的交汇点，没有时差，没有东、西、北，无论哪个方向都是南。在北极点，一脚可以同时跨越东、西两个半球，绕北极点走一圈，就相当于绕地球一周。北极点不只是"世界的尽头"，也是"时间的尽头"。最神奇的是，这里每年只有一次日出、一次日落。

如此神秘的北极点，我在参加中国第 4 次北极科学考察之前，未敢奢望有机会去看一看。事实上，直到直升机起飞前的最后一刻，整个考察队也都不确定能否前往北极点考察。

在中国前 3 次北极科学考察中，"雪龙"号分别到达北纬 75 度、80 度、85 度 25 分。根据以往的经验，纬度越高、越接近北极点的海域，海冰越坚硬厚实。但在中国第 4 次北极科学考察过程中，"雪龙"号进入北纬 84 度后，北冰洋海冰状况令人十分意外。许多大块浮冰已经完全裂开，露出长达数千米的开阔水道——船员们称其为"清水塘"。在"清水塘"，"雪龙"号几乎可以全速前进，向北挺进到北纬 88 度。这为部分考察队员乘坐直升机抵达北极点创造了条件。

2010 年 8 月 20 日，北冰洋上空阳光灿烂，天气极好，能见度很高。

经请示国家海洋局，考察队决定派部分考察队员乘坐"海豚"直升机前往北极点进行科学考察。我作为新华社随队记者，有幸见证了这一历史性的时刻。

踏上"世界的尽头"

在我的想象中，北极点被大面积的白色海冰覆盖得严严实实。然而，坐在直升机上鸟瞰北冰洋，并没有看到想象中一望无际的白色冰原！无数块支离破碎的海冰漂浮在深黑色的海面上，其间布满各式各样的冰上融池。

我们乘坐的"海豚"直升机盘旋一圈后，缓缓降落在北纬89度59分973秒，这里距离理论上的北极点还有约50米。

❄ 首次抵达北极点

踏上北极点的冰面，感觉雪虽然比较坚硬，但却不那么踏实。因为走不了几步，就可能踩在融池里，一脚陷进去。距离直升机几十米远处，正好有一个隆起的小雪丘，大家就将它当成北极点，深一脚浅一脚地奔过去，插上国旗和队旗。

确认理论上的北极点其实是一件很困难的事，不仅因为方向问题，还因为北极点上的海冰不断漂移，冰面上的北极点永远处于不断的变化中。

由于油耗问题，两个飞行架次只在北极点停留了一个小时。队员们在领队吴军和首席科学家余兴光的带领下，争分夺秒地进行科学观测和采样。

依靠自己的能力到北极点进行科学考察，是我国几代极地考察工作者和海洋工作者的梦想。中国第 4 次北极科学考察队到达北极点进行科学考察，在国内外引起了极大的关注。

考察过程中，考察队首次发现，包括北极点在内的北极高纬度海域出

现了大范围的开阔水域，海冰密集度显著降低，浮游生物结构异常变化，这对于深入了解北冰洋海冰快速变化的特征，具有重要的科学价值。在"雪龙"号返航途中，考察队在北极点布放的冰浮标已经成功获取并发回观测数据，为研究北极海冰快速变化及其机理提供了重要的现场考察科学依据。

2023 年 9 月 5 日，中国第 13 次北冰洋科学考察队搭乘"雪龙 2"号极地科考破冰船，在作业期间抵达北纬 90 度暨北极点区域，这是我国船舶首次抵达北极点！

北极海雾

雾气蒙蒙、"满腹心思"，是北冰洋一个很明显的"性格"特征。北冰洋大部分时间都是阴沉着"脸"。有好几次，眼见海天一色、风景优美，再看时，天色已经变得阴暗，弥漫着一层浓雾。

❄ 北极海雾景色

奇异的冰海雾航

在加拿大海盆，考察队打算停船进行 8 个小时的海洋综合调查。上午还是蓝天白云，阳光明媚，午后就飘来一阵浓雾，天色突变。冒着浓浓的海雾，部分考察队员乘坐"黄河"艇在"雪龙"号附近寻找到一块较大的浮冰，进行了两个小时的"短期冰站"观测、采样等工作。

考察站位工作结束后，"雪龙"号启程奔赴下一个海洋调查站位。海上的雾气越来越大，越来越浓，能见度不到十几海里，"雪龙"号航行在时而稀疏、时而密集的浮冰区，船长拿着望远镜站在驾驶台上，眉头紧皱。

然而，此时窗外的奇异美景却令人叹为观止。我站在船头，欣赏着眼前的一切。

只见灰暗的浓雾逐渐被光亮驱散，北极圈内极昼期间永远不落的太阳突破了浓雾的包裹，天边露出一个"红球"，像一盏红彤彤的大红灯笼悬挂在天边。飘忽不定的雾气使"红球"时浓时淡。

天地笼罩在一团雾气中，天际尽头已经分不清哪里是天，哪里是海。时而，"雪龙"号航行在一片没有浮冰的海面，"红球"的影子倒映在海面，波光粼粼，海面平静如一汪湖水，几乎令人不敢相信这里是北冰洋；

时而，突然漂来一块巨大的浮冰，"雪龙"号来不及躲闪，紧接着就听到一阵低沉的撞击声。

沈权是一位极地航海经验很丰富的年轻船长，他说："海雾是海上一种常见的天气现象。海雾降低了海上能见度，使航行的船只迷失方向，容易造成搁浅、碰撞等重大事故。自古海雾就是航海的克

❄ 北极海雾中的阳光

星，即使是在现代先进航海技术条件下，在海雾中航行仍需百倍警惕。"

整整一夜，"雪龙"号以三四节的航速，在冰海浓雾中缓缓前行。第二天凌晨，终于抵达了下一个海洋调查站位。

赵进平教授介绍说，北极海雾有平流雾、辐射雾、蒸发雾之分，每种海雾的特点和形成的物理机制各不相同。

北极海雾是科学考察的"大敌"。如果大雾弥漫，不少需要飞机支持进行远距离考察的项目将不得不取消；而且大雾天能见度低，加大了防范北极熊的难度，北极熊嗅觉灵敏，突然出现会给考察队员带来巨大的生命危险。因此，每逢大雾天气，考察队员就会停止到冰面上进行考察工作。

浮冰上的科学考察

考察期间，我亲历了一次北极浮冰上的科学考察。

当时，已经进入盛夏的北冰洋正处于海冰消融期，海面上密集而疏松的浮冰如"脆饼"一般，被"雪龙"号坚硬的船头"咬"碎。我们乘坐"雪龙"号一直北上，希望寻找到足够坚硬的冰块进行科学考察。

终于，在北纬80度29分、西经161度09分的北冰洋海域，考察队寻找到一大块比较坚硬的浮冰，决定将其作为"短期冰站"，进行几个小时的科学考察。于是，20多名考察队员携带大箱小箱的仪器设备，冒着漫天大雪乘坐"黄河"艇前往浮冰，随队记者也被批准前往。

这块至少1.5米厚的浮冰，静静地漂浮在北冰洋上，与周围大大小小的浮冰挤在一起。冰面上覆盖了一层厚厚的雪，浮冰中间已经有大大小小好几处淡蓝色的融池。

我从"黄河"艇下来初次踏上浮冰，最初几步感觉十分坚硬，心里还很踏实，但一不小心踩到了覆盖在融池周围的雪，脚底下一沉，露出了蓝莹莹、已经变得稀疏松软的海冰，我瞬间有点儿胆战心惊。

来不及欣赏风光，更来不及害怕，考察队员立即展开科学观测和采样工作。大家拿出各种各样的仪器设备，有条不紊地互相配合。有的在用力地钻取冰芯，一旁配合的考察队员当场切割、记录、包装；有的架起复杂的仪器设备；还有的趴在冰冷的雪面上，细致地观察仪器中的温室气体通量。冰面融池也是重要的研究对象，考察队员对融池的反射率、温度和盐度等进行了科学测量。

研究北极海冰快速变化的机理，是我国第4次北极科学考察的两大目标之一。因此，在考察过程中建立"冰站"，开展与海冰大范围融化相关

联的大气、海冰和海洋过程观测显得尤为重要。

考察队开展两种"冰站"考察，一种是在浮冰上建立"短期冰站"开展几个小时的科学考察，另外一种是"长期冰站"综合考察。

在北纬86度55分、西经178度53分的一块大面积、相对固定的海冰上，中国第4次北极科学考察队建立了"长期冰站"。考察队员分为不同小组，在冰面上进行分区作业。

在"长期冰站"综合考察中，考察队的防熊工作进入了"一级战备"。按照事先制订的详细预案，冰上作业固定瞭望警戒组、冰上防熊巡逻组、紧急情况处置组和总协调值班组全部到位，处于高度警惕状态。为保证每名考察队员的生命安全，考察队还实行严格的下冰制度，每名到冰上作业的队员，均需提前一天提交作业申请表，经考察队首席科学家审批后方可登冰作业。

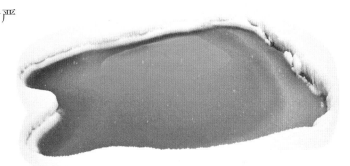

❄ 雪面上的大窟窿

一天下午，我终于被批准下冰拍照，为获得一个"雪龙"号在冰上的全景，我决定走到稍远一点儿的机位。在平整的雪面上，我毫无征兆地一脚踩空，雪面上立即出现了一个大窟窿，冰冷的海水随即灌进了我的靴子里。好在窟窿不大，有惊无险。

"北极之王"

北极熊是北极地区最具代表性的动物，是当之无愧的"北极之王"。

北极熊全身皆白，连耳朵和脚掌都长着白毛，只有鼻头有一点儿黑，因此又叫"白熊"。

❄ 行走在浮冰上的北极熊

"游泳健将"兼"短跑运动员"

北极熊虽然身体庞大，身手却很敏
捷，在海中是"游泳健将"，在陆地
上是"短跑运动员"。其体态呈流线
型，脑袋小，熊掌宽大，犹如双桨。
在大海中游泳时，北极熊前腿奋力向
前划，后腿并在一起，掌握前进的方
向，一口气可以游四五十海里。

❄ 在海中游泳的北极熊

北极熊在陆地上生活时，为捕食猎
物，短距离的冲刺速度可达每小时 60 千米，
用"风驰电掣"来形容一点儿也不夸张。北极熊的弹跳能力也很强，一步
跳跃的距离可达 5 米以上。

因此，一旦遇到北极熊，想跑赢它比较难，最简单的方法是大吼
一声，并不断向它投掷冰块、石头，附以敲打铁器的声音，警示它不要
靠近。万一不行，就绕着圈跑，因为北极熊身体庞大，绕圈转方向比较
笨拙。

北极熊是国际保护动物，根据挪威有关枪支使用规定，北极熊在离

人类 25 米以外时，人类当以警告为主，用信号弹、火把、声响等恐吓熊，让其离开；北极熊在 25 米内有攻击行为时，人类可开枪射击，但要瞄准北极熊的头部或肩胛骨部位射击。

　　为了防熊，在北极地区进行科学考察和工作的人员，外出都要携带枪支，至少两人以上一同出行，而且尽量不要在野外做饭，因为北极熊的嗅觉极其灵敏，饭菜的香味会把北极熊招来。

　　北极熊分布在北冰洋及其附近岛屿、毗邻的海岸，常常出没于北极冰原。尽管那里千里冰封，万里雪飘，但北极熊仍然能在严酷的条件下生存、繁衍。这主要是因为北极熊的全身都有一层厚厚的毛，熊毛的结构十分复杂，里面中空，有极好的隔热、保温作用；北极熊的脚底也长着厚厚的肉垫，利于在冰雪地带行走。

　　北极熊的主要食物来源是环斑海豹。这种海豹在北极分布极广，甚至北极点都有其活动的踪迹。北极熊的智商很高，捕食方式主要有两种：一种是"守株待兔"法。它们事先在冰面上找到海豹的呼吸孔，然后在旁边等候，只要海豹一露头，它们就突然发起袭击，用尖利的爪子将海豹从呼吸孔中拖上来。如果海豹在岸上，它们就会躲在海豹看不到的地方，然后蹑手蹑脚地爬过去发起猛攻。另一种是"直接潜入"法，北极熊在水面下潜泳，慢慢地靠近岸上的海豹，然后迅速发动攻击。

157

随着全球气候变暖，北极海冰快速消退，大大改变了北极熊赖以生存的环境，北极熊的栖息地越来越小，食物也越来越少，北极熊数量急剧下降。据估计，目前北极地区还有 2 万 ~ 2.5

❄ 冰上防熊瞭望

万头北极熊。《濒危野生动植物种国际贸易公约》（CITES）已经将北极熊列入附录Ⅱ动物，相当于我国的国家二级保护动物。在世界自然保护联盟（IUCN）濒危物种红色名录中，北极熊被列为濒危动物。

随着北极气候的变化，饥饿的北极熊越来越难以找到食物，为了生存，它们只能吃鲸鱼的腐肉、海草、苔藓、干果等，甚至当地居民的垃圾，它们也不放过。

在北极地区，自然资源部第三海洋研究所研究员祝茜最多一次见到过30只北极熊，当时它们围在因纽特人丢弃的一大堆鲸鱼骨头面前，竞相啃食鲸鱼骨头上残存的肉充饥。

为了觅食，北极熊与人类相遇的频次越来越高，饥饿的北极熊攻击人类事件近年来经常发生。北极熊的胃极大，可容纳 50 ~ 70 千克食物。"一个人只够北极熊吃上一顿。"研究员祝茜开玩笑说。

不能掉以轻心的防熊工作

北极熊如此可怕，考察过程中防熊工作绝不能掉以轻心。中国第 4 次北极科学考察队制订了详细的防熊预案，事先制作了 3 个坚硬牢固的苹果房作为防熊避难所，将其搬上"雪龙"号随考察队一起来到北极。

在"雪龙"号驾驶台上，我曾亲历防熊瞭望过程，时时用望远镜细致地观察视野尽头白色的海冰上有没有北极熊的身影，一整天的瞭望虽然十分枯燥，但丝毫不能放松警惕。

每天，考察队员从船上到冰面作业前，荷枪实弹的防熊队员都会到冰面打头阵，每次考察收工回船，防熊队员也会持枪断后。洁白的冰面上，3 个绿色的苹果房犹如 3 个防熊的碉堡。

苹果房由玻璃钢制作而成，可以抗击北极熊的拳头敲打，一旦遇到北极熊，人就躲进去，每个苹果房都配有高音警报器，高达 130 分贝。在"雪龙"号甲板上，"海豚"直升机则做好起飞准备，随时待命准备驱赶北极熊。

❋ 防熊"攻坚战"

❄ 浮冰上的北极熊

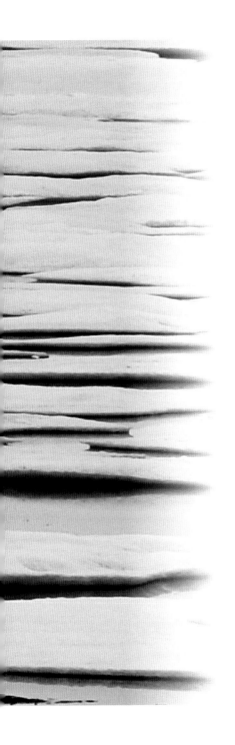

　　不知是严密的防熊措施的威慑作用，还是北极熊的数量减少，或是"雪龙"号到达的纬度太高，我们在冰上考察作业的10多天时间里，只是远远看见过一只北极熊。

　　那是"雪龙"号航行在楚科奇海域，在一片脏脏的浮冰区，我们"邂逅"了一只北极熊。

　　虽然距离很远，但在长焦镜头中，这位身材魁梧、四肢发达的"北极之王"目光中透露出的威严与气势，仍令我心生敬畏。

为啥南极没有北极熊、
北极没有企鹅？

地球南北两极同样都是冰雪世界，有着类似的自然条件，为什么南极没有北极熊，北极没有企鹅？关于这个问题，科学家有三种说法：

一、这是由食物链决定的。磷虾是企鹅的主食，但北极海域没有丰富的磷虾，北极熊这个天敌也过于强大，在它们的威胁下，企鹅家族根本无法生存繁衍。

二、地球板块分裂，将原本生活在相同地区的企鹅和北极熊置于两个不同的板块。随着板块的漂移，企鹅和北极熊就分别居住在地球南北两极。

三、人类的猎杀使北极的企鹅灭绝了。很久以前，曾经有一种北极大企鹅在北极生活过。16世纪，随着北极探险热的兴起，北极大企鹅成为探险家、航海者及土著居民捕杀的对象。长时间的狂捕滥杀导致了北极大企鹅的灭绝。

历险篇

　　时至今日，我依然感到有些玄妙，为什么会做那个梦？

　　那是参加中国第 30 次南极科学考察，乘坐"雪龙"号离开中山站，开启首次环南极航行后不久。许多队友留在了中山站，房间里只有我一个人。一天晚上，我做了一个令我惊醒的噩梦。在梦里，我提前回家了，"雪龙"号却留在了南极，还遇到了一件突发的大事。我深深地自责：作为随队记者，我怎么能不在新闻第一现场呢？我赶快上网，想查查到底是什么新闻，但怎么也连不上网，打不开网页。一着急，我醒了。哎呀，太好了！原来只是一场梦，我还在"雪龙"号上。

　　那晚，我躺在床上，感受着船航行中有节奏的摇晃，又想起那个奇怪的梦，久久没能入睡。也许，这就是记者的第六感。此后没两天，船上果然发生了一个举世瞩目的大新闻。我作为随队记者，全程亲历了这次发生在地球尽头、跌宕起伏的科考传奇。

在南大洋收到求救信号

2013 年 12 月 25 日，一艘俄罗斯船在南极被浮冰困住，自身失去动力，两座冰山正向船舶漂移，威胁船上人员安全，情况危急，急需救援。

❄ SOS

　　那天是圣诞节。中国第 30 次南极科学考察队乘坐"雪龙"号执行首次环南极航行任务。

　　一大早，我像往常一样，来到船上的第二餐厅吃早餐，刚坐下没多久，就看见考察队领队刘顺林一脸凝重地走进餐厅。他带来了一个令人震惊的消息。

　　当天早上，"雪龙"号接到了澳大利亚海上搜救中心打来的电话，希望"雪龙"号能前往俄罗斯船遇险地点。

　　很快，"雪龙"号也收到了俄罗斯遇险船发来的最高等级的海上求救 SOS 信号。

　　茫茫大海上，再庞大、再先进的船都如同一叶扁舟。我们每个人都清楚，海上遇险意味着什么，更何况是在冰天雪地的南极。

　　当时，"雪龙"号正航行在南纬 63 度、东经 124 度，俄罗斯船的遇险位置在南纬 66 度 52 分、东经 144 度 19 分，正好位于"雪龙"号前进方向的东南方，两船相距 600 多海里。

　　大家迫不及待地问领队刘顺林："我们要不要去救人？考察计划怎么办？"

　　"去，当然要去！这是义不容辞的责任。"领队刘顺林坚定地对大家说。

　　事实上，在接到俄罗斯船求救信号的第一时间，"雪龙"号船长王建忠就指挥值班驾驶员将计划航线向东南方向调整，以 15 节的最大航速前往俄罗斯船遇险地点。同时，他还与俄罗斯遇险船的船长取得了联系，询

问细节，沟通救援方法。

考察队第一时间向国家海洋局汇报了俄罗斯遇险船的求救消息。下午，国家海洋局发来传真电报，同意"雪龙"号前往俄罗斯船遇险地点进行救助，抓紧制订救援方案。

澳大利亚海上搜救中心在协调"雪龙"号救援的同时，还协调了澳大利亚"南极光"号和法国"星盘"号一起前往救援。

当时，"南极光"号正在澳大利亚凯西站卸油，接到任务后又匆匆将卸下的油重新加回船上，赶去救援，距离俄罗斯遇险船约800海里。

法国"星盘"号已经完成任务离开南极，正航行在南大洋西风带前往澳大利亚霍巴特的途中，接到救援消息时，距离俄罗斯遇险船直线距离约500海里，但需要在西风带掉头，可能会增加航程。

快，快，快！从12月25日到26日，"雪龙"号都在全速赶路。为了"抄近路"，甚至冒险穿越西风带气旋中心。

在北半球，西风气流在通过陆地和海上时呈蛇形，在大陆的阻挠下，西风气旋威力不大；但在南半球，由于太平洋、印度洋、大西洋三大洋相互贯通，环绕南极大陆的南大洋海域宽阔，西风环流畅通无阻，可以肆无忌惮地在南大洋上空旋转，常年平均有六七个气旋自西向东移动。在这片海域航行的船舶很难逃脱。"雪龙"号在首次环南极航行中，西风带气旋就像魔鬼般一直如影随形，三天两头向我们发威。

12月26日下午，"雪龙"号顺利穿越西风带气旋中心，沿着一条距离

俄罗斯船遇险地点最近的航线，驶进了遇险地点的重冰区。这片重冰区位于靠近南磁极的联邦湾海湾，毗邻法国迪蒙·迪维尔站。一路上，"雪龙"号与遇险船保持密切沟通，我们也获得了更多的遇险船信息。

考察队成立了应急救援小组，领队刘顺林担任组长。应急小组制订的第一套救援方案是：由"雪龙"号协助"绍卡利斯基院士"号破冰，将其周围的浮冰疏松，开辟一条水道，将船带出来。同时，还制订了"雪鹰12"号救援，"黄河"艇、"中山"艇救援等多套方案，全力以赴对俄罗斯遇险船展开"尽一切可能"的救援。

中国极地研究中心应急指挥办公室及时给"雪龙"号发来了遇险重冰区的冰情图。根据冰情图分析，情况不容乐观，俄罗斯船遇险地点的冰情十分复杂，不仅有大块密集的浮冰、坚硬的多年冰、漂移不定的流冰，还有巨大的冰架。而且，遇险海域天气恶劣，视距几乎为零，风力达到十一二级。在风力的作用下，浮冰还将不断聚集、堆积，迅速加大海冰的厚度和强度。

但无论前路多难，救人最要紧，"雪龙"号勇往直前。

忙，忙，忙！12月27日是极其忙碌的一天。我早上醒来，第一件事就是冲上驾驶台。宽敞的驾驶台上已经有很多人，大家纷纷拿着望远镜瞭望。原来，在高倍望远镜里已经能望见俄罗斯遇险船了。我连忙拿起望远镜，镜头里，一座巨大的淡蓝色冰山脚下，有一个小小的身影，那就是"绍卡利斯基院士"号！

胜利似乎在望，两船相距只有10多海里了。

船长王建忠已经和俄罗斯遇险船的船长沟通好，先尽最大努力靠近俄罗斯遇险船，帮助其清除周围的浮冰，以摆脱浮冰的围困，恢复动力。

但很快，我们就发现这种想法太过乐观。坚硬的大块浮冰铺满了海面，浮冰最大厚度有 3～4 米，而且流速很快，"雪龙"号刚刚破冰开辟出的清水道，浮冰很快就合拢起来。浮冰上还有厚厚的积雪，增加了破冰难度。由于天气状况很差，下着雪，能见度低，"雪龙"号上的"雪鹰12"号无法起飞。

整整一个上午，"雪龙"号使出浑身解数，却只能以一两节的航速破冰前进，不停地倒车、前进，倒车、前进，依靠自身的惯性向大块浮冰发起冲击，一点点向"绍卡利斯基院士"号挪动。

下午 3 点，"雪龙"号距离"绍卡利斯基院士"号还有 14.5 海里。下午 5 点，"雪龙"号距离"绍卡利斯基院士"号不到 10 海里。吃晚饭的时候，"雪龙"号还在艰难地破冰，巨大的破冰声响彻全船。

到底什么时候才能靠近"绍卡利斯基院士"号？看上去近在咫尺的距离，竟然令人如此无奈，这就是南极！

等，等，等，只有耐心地等。等到凌晨，船长王建忠做了一个重要的决定：停止破冰前进。此时，"雪龙"号距离"绍卡利斯基院士"号还有 6.1 海里。

"浮冰严重程度已经超出了'雪龙'号的破冰能力，今晚下半夜一个西风带气旋即将过来，还将进一步加大浮冰的厚度和密度。"船长一脸无奈地说，"当前，'雪龙'号最重要的是在原地做好安全保障，等待气旋过后天气较好时再向前破冰，同时做好紧急情况下为俄罗斯遇险船提供应急救援和力所能及的帮助的准备。"

在"雪龙"号进入重冰区时，从西风带掉头前来救援的法国"星盘"号也赶到了。"星盘"号曾跟在"雪龙"号后面约 10 海里处，也进入了重冰区，但由于冰情复杂，该船破冰能力不足，后又返回到清水区。

隔冰相望，不离不弃

12月28日，"雪龙"号一直在重冰区原地待命，等待救援时机。大大小小的浮冰铺满了海面，一座淡蓝色大冰山脚下，被困的俄罗斯船就停泊在那里。六七海里的距离，"雪龙"号却很难再靠近它。

❋ "雪龙"号视角下的"绍卡利斯基院士"号

　　眼前浮冰面积最大的超过了好几个足球场，面积最小的也有一张桌子大小，大多浮冰至少三四米厚。浮冰区里的地形沟壑纵横，在挤压的作用下，破碎的冰不断上隆，形成了一条条冰线、一堵堵冰墙、一座座冰丘。

　　南极海冰一年一度的生长与消融，为世界各国科学考察船和旅游船进出南极提供了十分难得的"窗口期"。但漂移不定的浮冰也如同海面上的"白色游击队"，擅长发起"突袭战"，千方百计地阻挠人类进入这片大陆。

　　南极的"浮冰游击队"虽然"居无定所"，但其行动也有规律可循。一般在北风的作用下，浮冰会向南漂移，在南极大陆周围聚集堆积，"成筏"或"造脊"，迅速加大海冰的厚度和强度。但在南风、西南风或南极大陆下降风的作用下，南极大陆周围的浮冰会很快被吹到广阔的南大洋，成为"散兵游勇"，难成规模。

　　无疑，大家现在最盼望南风或西南风的到来。

　　厚重的浮冰流速很快，随时都会将"雪龙"号围困。"雪龙"号一天都在奋力破冰，向"浮冰游击队"发起猛烈的"攻击"，日夜不停地与大块浮冰"抢地盘"。

　　"船舶破冰需要一定的空间，如果船身被大块浮冰卡住，就像一个人被捆住了手脚，再有本事也施展不开。"船长王建忠说，"由于这片海域浮冰流动速度非常快，我们必须不停地'动车'把大块浮冰推开，给船留下足够的空间，以防被冰困住。"

12月29日，天气稍有好转。考察队讨论后决定派"雪鹰12"号到空中察看俄罗斯船被困的情况。

船上广播通知大家到后甲板推拉直升机，这是直升机每次出库的必经环节。很快，几乎所有的科考队员都来到了后甲板，齐心协力将"雪鹰12"号推拉出了机库。船员们放低甲板四周的护栏，机组人员则忙着装机翼、加油。

❄ 考察队员将直升机推拉出机库

　　中国第 30 次南极科学考察中，"雪龙"号上搭载了两架直升机——
"直-9"和"雪鹰 12"号。轻型的"直-9"留在中山站，作为交通工具。
重型的"雪鹰 12"号则随船同行，参加首次环南极考察，计划进行罗斯海
新建站的物资吊运工作。

　　红白相间的"雪鹰 12"号是卡-32 机型，凛冽的寒风中，帅气的"雪
鹰 12"号承载着大家的殷殷希望。

　　上午 11 点 14 分，做好一切准备后，"雪鹰 12"号起飞。船长王建忠
和第二船长赵炎平登上直升机，坐在前排，我坐在后排。从空中俯瞰，这
片重冰区的冰情一目了然：海面上有十成的浮冰，大大小小，密密麻麻，
甚至层层叠叠覆盖着海面，只能零星地看到浮冰间隙露出一点点深蓝色的
海水。

　　"雪鹰 12"号飞近俄罗斯遇险船的上空。只见蓝白相间的船体深陷在
浮冰中，已经向一侧倾斜。在船的右舷冰面上，已经站了很多人，还搭起
了两个黄色的帐篷，人们纷纷向"雪鹰 12"号挥手致意。

　　很快，直升机就被乌云包裹住了。"雪鹰 12"号在"绍卡利斯基院士"
号上空盘旋一周后，就匆匆返回了"雪龙"号。

　　这次实地勘察让船长王建忠心里有了数。"绍卡利斯基院士"号和船
上人员目前都处于安全状态，但周围的浮冰仍然非常严重，厚度和密度远
远超过了"雪龙"号的破冰能力。但遇险船右舷冰面十分结实，可以考虑
作为直升机应急救援、人员撤离的场所。

　　南极被称为"暴风雪的故乡"，即使在夏季，暴风雪依然十分频繁。
12 月 30 日，天气更加恶劣。海面上刮起了强劲的东南风，空中下起了大
雪，救援工作被迫推迟。一早来到驾驶台，眼前的一幕令我震惊了：天地
之间混沌一片，白色晃得我睁不开眼，能见度极低，只能看见船头十几米

处；狂风夹杂着大颗雪粒，呼啸着横飞；"雪龙"号银装素裹，迎风一侧的门和窗结满了厚厚的冰壳。

船上的监视系统早已被雪覆盖了，在驾驶台电子屏幕上很难看清。正在值班的"雪龙"号大副朱利戴着墨镜，一会儿在左舷窗口观察船尾的浮冰，一会儿快步跑到右舷窗口观察浮冰，焦急地指挥驾驶员不断调整航向，与大块浮冰"抢地盘"。

强劲的东南风将这片重冰区吹得更"重"了，好不容易开辟出来的碎冰区，很快又被流动的大块浮冰占领。为了防止被浮冰卡住，"雪龙"号时刻保持机动，与大块浮冰"斗智斗勇"。

澳大利亚"南极光"号已经赶到了，凌晨就开始破冰作业，试图进入这片重冰区，然而，前进到距离"绍卡利斯基院士"号 11 海里附近，受阻难行，又退回清水区待命。

这样一来，"雪龙"号还是离"绍卡利斯基院士"号最近的船。

由于未来一两天西风带气旋还将接二连三地影响周围海域，仍有较强东南风及降雪，船长王建忠与"南极光"号船长商议后，决定各自先选好

安全的停靠地点，待天气好转后再一同商定救援方案。

12 月 31 日，大家在焦急的等待中度过了 2013 年的最后一天。

由于救船无望，"绍卡利斯基院士"号船长正式来函，请求"雪龙"号进行直升机救人。经过多次磋商，初定的方案是先将"绍卡利斯基院士"号上的 52 名人员用直升机救到"雪龙"号上，航行到清水区，再用"雪龙"号上的小艇将人员运送到澳大利亚"南极光"号上。

遇险船的右舷冰面虽然看上去颇为坚实，但到底能不能停直升机，大家心里没底，考察队决定成立应急救援海冰工作组。

应急救援海冰工作组其实就是"探路先遣队"，在救援行动开始前，先在冰面上做救援行动准备，提前准备救援设备和物资，与俄方联络，勘察冰面，选择直升机降落场地，设置等待区、登机区，指挥登机，清点外方人员等。

考察队最担心的是，冰面凹凸不平，万一直升机没停稳发生侧翻，或者直升机过重导致冰面开裂，后果将不堪设想。为确保万无一失，大家决定采用一个"土法子"——在冰面上铺木板。

经过多年探索，我国南极考察在进行海冰运输时都需要用木板架桥铺路，以减轻海冰表面的压强。因此，"雪龙"号上装载了很多木板，没想到在这次救援行动中发挥了重要作用。

在海冰厚度和强度满足直升机起降安全的条件下，先遣队员用木板铺设直升机临时悬停坪。

经过集体讨论，由 12 名队员组成了应急救援海冰工作组。刚开始并没有安排记者，得知消息后，我第一时间找到领队，主动请缨。

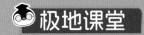

南极考察中的"飞机史"

1903 年，美国莱特兄弟发明了飞机。8 年后的 1911 年，澳大利亚南极探险家道格拉斯·莫森将第一架飞机运抵南极大陆。但在临行时试飞过程中损坏了机翼，没有足够的时间修复，飞机无法起飞。莫森只好下令机械师将机翼拆掉，改装成可用来拖运装物资雪橇的"飞机拖拉机"。

1928 年，澳大利亚探险家胡伯特·威尔金斯实现了在南极的首飞，从此开启了南极的"航空时代"。

经过近百年的发展，飞机让南极洲与其他洲之间形成相互交织连接的"航空网"。"近水楼台先得月"，南美洲、非洲南端、大洋洲成为进入南极洲空中航道的重要集结地。

在中国第 32 次南极科学考察中，一架尾翼喷绘着中国极地考察标识"CHINARE"的固定翼飞机，飞抵东南极拉斯曼丘陵脚下的冰盖机场。

这是我国南极考察首架固定翼飞机"雪鹰 601"。"雪鹰 601"的到来，使我国在南极成为继美国、俄罗斯、英国和德国之后，第 5 个拥有多功能极地固定翼飞机的国家，标志着我国南极考察进入"航空时代"。

"雪鹰 601"投入运行以来，我国迅速开展自主机场的建设工作。在中

国第 39 次南极科学考察期间，中山冰雪机场建设人员正式开始施工作业，最终于 2022 年 11 月 6 日将机场跑道初步建设完成。中山冰雪机场是我国首个南极冰雪机场。

❋ "雪鹰 601"

极地考察站

截至 2024 年 3 月，我国已建 7 个极地考察站。

中国南极长城站 建成于 1985 年 2 月 20 日，位于南极洲南设得兰群岛的乔治王岛西部的菲尔德斯半岛上。

中国南极中山站 建成于 1989 年 2 月 26 日，位于东南极大陆拉斯曼丘陵。

中国南极昆仑站 建成于 2009 年 1 月 27 日，距离南极中山站直线距离 1260 千米。

中国南极泰山站 建成于
2014 年 2 月 8 日，距离昆仑站约
715 千米。

中国南极秦岭站 位于南极三大
湾系之一的罗斯海区域沿岸。

中国北极黄河站 建成于
2004 年 7 月 28 日，位于挪威斯匹
次卑尔根群岛的新奥尔松。

中冰北极科学考察站 成立于
2018 年 10 月 18 日，位于冰岛北部的
Karholl（卡尔霍）农庄。

（来源：中国极地研究中心）

南极海冰上的国际救援

2014 年 1 月 1 日，新年第一天，地球最南端的冰雪大陆仍然"不展笑颜"，"雪龙"号一天都在重冰区艰难破冰，拓展空间，确保自身不被浮冰围困。"雪龙"号能否顺利营救俄罗斯"绍卡利斯基院士"号？

❅ "雪鹰 12"号起飞

考察队组织队员从船舱里将木板搬到后甲板，准备好冰雷达、雪铲等设备，做好救援准备工作。"雪龙"号政委将船上的酒吧、多功能厅等场地腾了出来，给被救助的人员准备休息场所。事务长缪伟和厨师长包志相也忙着准备食物，大家担心西方人吃不惯中餐，商量着要不要准备些西餐。"雪龙"号上的考察队员也被安排各司其职，准备迎接客人们的到来。

万事俱备，只待天晴。

2014年1月2日，阴沉多日的天气终于转晴，无垠的冰面上，能见度很高。

"这正是直升机飞行的理想天气，救援应该就在今天上午，得赶紧做好准备。"我心想。不过船头前面怎么多了一座小冰山？馒头状的小冰山虽然不大，却离船只有几百米，昨天晚上好像还没有啊！

后来才知道，昨晚大家都在睡梦中时，"雪龙"号遭遇了它的航海史上最为惊险的一幕。

1月2日凌晨2点30分左右，由于处于极昼期间，天色很亮，船长王建忠站在驾驶台窗口瞭望。当时，"雪龙"号停泊在相对安全的位置，机动性也很好。突然，船长王建忠发现右舷东南方向一侧的浮冰全都在瞬间翻转了过来，露出了黄黄的冰底。"雪龙"号被一股强大的力量推动，瞬间向西北方向漂移了0.68海里，陷入一片更为厚重的浮冰区，船头方向500多米处正对着一座小冰山。右舷东南方向的浮冰还在不断堆积，越来越厚。

船长王建忠有19年极地航行的经验，但他从来没有见过如此奇异的

184

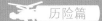

现象。虽然百思不得其解，但他立即做出判断，此时的"雪龙"号比被困的"绍卡利斯基院士"号还要危险。冰山看上去虽然不大，但冰山在海面下的体积至少是露出海面部分的六七倍，他目测这座小冰山至少有十几万吨。

"雪龙"号第一次在这片海域航行，对航线和周围的环境极为陌生。船长王建忠最担心的是，以后还会不会发生同样奇异的现象，如果再发生一次，"雪龙"号必定会与小冰山相撞，船舶和船上 101 个人就面临着极大的危险。

天越来越亮，晴空万里，能见度大于 10 千米，风速下降。

是先救援俄罗斯船被困人员，还是先摆脱自身的困境？船长王建忠和领队刘顺林紧急商量。两人意见一致："雪龙"号对当前海区状况不明，原地机动，静观其变，不能妄动。在此情况下，先救别人。

1 月 2 日一早，船长王建忠紧急给"绍卡利斯基院士"号船长发去邮件，如实地将"雪龙"号遇到的危险情况告知他，欢迎被困人员到"雪龙"号上来，但建议他们直接转移到"南极光"号。虽然转移过程中有危险，但危险小于转移到"雪龙"号。

"绍卡利斯基院士"号船长接受了这个建议，请求用"雪龙"号的直升机将 52 名人员直接转移到澳大利亚"南极光"号上。

"南极光"号上虽然有直升机平台，但并不能停"卡－32"机型。"雪鹰 12"号无法降落在船上，能不能降落在附近冰面上？"南极光"号附近有没有可供直升机降落的大块冰面？考察队决定先飞行一个架次到空中察

看一下，我随行进行空中航拍。航拍很顺利，深红色的"南极光"号如一片深秋的枫叶，飘落在茫茫冰面，附近有很多大块浮冰。

当我把航拍的照片拷到硬盘里送到船长房间时，领队刘顺林也在。两人脸色凝重，声音低沉。多年后，那间房间里紧张凝重的气氛仍让我记忆犹新。我深知，在那种艰难的时刻所做的决定，闪烁的是人性的光辉，彰显的是中国人的勇气与担当。

午饭后，命令终于下达，直升机准备起飞，把52名人员从"绍卡利斯基院士"号附近冰面直接救援到"南极光"号附近冰面。

下午1时左右，"雪鹰12"号终于要起飞了。海冰工作组12名队员待命已久，大家做好了一切准备。我也全副武装，脖子上挂着两台相机，肩膀上挂了一部摄影机，手上拿着带有新华社标识的话筒和话筒线，身上口袋里还装着铱星电话和对讲机。我感觉自己像是要上战场的士兵，既紧张、忐忑又有所期待。

当时正值南极夏季，海面上的浮冰处于消融期。冰面的硬度能不能承载直升机的重量？直升机降落时会不会吹起雪雾影响飞行员的视线？直升机降落时轮子会不会陷入冰面，影响平衡造成飞机损毁？52名人员上下直升机时会不会出现意外？一切都是未知。

机舱里早已拆掉了空中吊挂的装置，腾出空间塞满了20多块长条木板。大家见缝插针，挤坐在木板四周。

"雪鹰12"号起飞后，首先飞向俄罗斯"绍卡利斯基院士"号，在冰面上空徐徐下降。我从后舱的窗口向外望去，俄方人员已经在冰面上平整出一块降落场地，场地四周做了明显标识。冰面上的雪被冻成了"雪晶"，虽然没有被吹起雪雾，但显然不足以承担直升机的重量。

哎呀，不好，直升机前方的左轮刚落下，就陷下去了一大半！

机长赶紧将直升机提了起来，保持住平衡，悬停在冰面。我的心提到了嗓子眼。

机组地勤人员打开舱门，示意大家赶紧出舱。我跟在同伴后面，跳到了冰面上。还没迈开步子，直升机双层旋翼刮来的一股大风，一下子就把我吹倒在地。我爬起来，还没走几步，一阵猛烈的"雪晶风暴"又劈头盖脸地打了过来。

❋ 南极冰面景色

几乎是连滚带爬，我带着报道设备艰难地离开飞机旋翼范围。我来不及喘口气，赶紧开始拍摄，"噼噼啪啪"的"冰晶"不停地打在镜头上。镜头里，海冰先遣队员弯着腰，深一脚浅一脚，艰难地从机舱里抬下木板，一步一步挪着离开直升机。

两名"绍卡利斯基院士"号上的人员早已等候在冰面，见到我们安全抵达，立即赶过来帮着大家抬木板，一起铺设直升机临时悬停坪。

❄ 张建松与"绍卡利斯基院士"号船长合影

　　海冰工作组队员在冰面搭建平台的间隙，副领队徐挺带着翻译和我登上"绍卡利斯基院士"号，代表中国第30次南极考察队表示慰问。

　　沿着狭窄的楼梯，走上驾驶台。"绍卡利斯基院士"号船长已经在驾驶台等候。这位满头银发的船长看上去远没有船上的乘客那么轻松。

　　副领队徐挺代表考察队向他们被困多日表达了慰问，还就被困人员上下直升机的细节与他进行了仔细协商。

　　大约一个小时后，遇险船冰面的准备工作完毕。趁着等待直升机的空隙，我们在俄罗斯船前拍摄了集体照。两只小企鹅好奇地走过来，一路上十分友爱。这不就像中俄友谊吗？我赶紧把这个难得的场景拍摄下来。

　　"雪鹰12"号飞过来，把我们送到澳大利亚"南极光"号附近冰面。刚跳下直升机，厚厚的积雪立即淹没了大腿，巨大的旋翼风将我吹得趴倒

❈ "绍卡利斯基院士"号前的两只友好的企鹅

在地，怀里抱着的相机和摄像机瞬间被雪埋了大半截，身体怎么也动弹不了。我干脆匍匐在原地不动，一手紧紧抱着设备以防被风吹走，一手紧紧抱住头防止被砸伤，一直等到直升机飞走。

"南极光"号派了 4 名工作人员，在冰面上接应我们。中澳救援队员简单地沟通后，就开始用冰雷达探测冰面，找到一块合适的场地后，一起铺设直升机临时悬停坪。

举目四望，是一片凹凸不平的白色世界，冰面上有许多突出的雪丘，雪面下已经探测到很多裂缝，我们不敢随便走动。深红色的"南极光"号静静地停在不远处，两只阿德利企鹅好奇地走过来围观。

当我们在海冰上做好一切准备工作后，"雪鹰12"号飞行第 2 个架次正式开始。

❄ 铺设直升机临时悬停坪

　　搭载着第一批 12 名被困人员的直升机终于出现了。只见直升机的 3 个轮子稳稳地停在三角形的木板平台上。

　　舱门打开后，第一批被困人员走出直升机。在中澳救援队员的协助下，迅速远离高速旋转的旋翼。

　　"雪鹰 12"号将我送到船上后，紧接着飞到"绍卡利斯基院士"号，执行第 3 个飞行架次的救援任务。

　　运送 52 名被困人员和他们的行李，一共飞行了 6 个架次。当天晚上 7:30 左右，最后一个飞行架次圆满完成，其间没有发生一次意外事故。

　　"雪龙"号驾驶台先后传来"绍卡利斯基院士"号和"南极光"号上人员的感谢声，他们不约而同地说："感谢'雪龙'号，你们完成了一项令人难以置信的救援工作。"

　　"绍卡利斯基院士"号船长第一时间给船长王建忠发来感谢邮件，他说："你们的合作是国际合作的典范，不仅体现了人类航海中的互助精神，也体现了《南极条约》精神。虽然我们的船现在还面对困难，但在你们救助精神的鼓舞下，相信不久的将来，我们就会从冰封的南极摆脱困境。非常希望有机会能向你们当面言谢。"

　　然而，救援胜利的喜悦很短暂。我们甚至没有来得及庆祝，就遇到了一场更大的危险。

"雪龙"号被困重冰区

"雪龙"号还停在昨天的位置。右舷密集的白茫茫的浮冰区，不知何时漂来一座巨大的平顶冰山，看上去长达 1000 米左右，在一望无垠的冰面上很是醒目。

❋ 被浮冰困住的"雪龙"号

2014 年 1 月 4 日

　　清晨，我醒来发现船上安静得不同寻常。救援都成功了，"雪龙"号怎么还不撤离？我迅速穿好衣服，想到驾驶台看个究竟。

　　"张记者，你看，我们的船不动，浮冰也不动，冰山却在浮冰里往前跑，好像底下有滑轮一样，真是太奇怪了！"解放军理工大学的齐世福教授对我说。

❄ 远处的冰山

我仔细一看，果然，巨大的冰山正往右舷的西北方向漂移！

"这么大的冰山，不知道是什么力量推着它往前跑。幸亏它没有往我们这个方向跑，要不然岂不是要和我们撞上了？"许多航海经验丰富的船员也从未在南极看到过这种奇异的自然现象，纷纷称奇。

见习船长赵炎平对我们说："应该是海里的洋流在推动冰山前进。几个小时前，'雪龙'号一度也在洋流的作用下，迅速向冰山方向漂移，当时我们都惊出了一身冷汗。当时洋流的作用非常大，船身不由己地漂了过去，我们赶紧全速倒车，尽量让船远离冰山。还好在船距离冰山400米时，洋流作用开始减小，我们继续倒车，退到了距离冰山550米左右的位置。"

大家听了都倒吸了一口冷气，深感庆幸。假如"雪龙"号真被洋流带动着漂向冰山，后果不堪设想。

船的右舷方向正是清水区的方向，也是"雪龙"号要撤离这片密集浮冰区即将前往的方向。如今，这座平顶大冰山横亘在半路上，看似平稳漂移，其实随时都有可能在海里"翻身"。眼下"雪龙"号按兵不动，静观其变，是最好的选择，一切等平顶大冰山漂走了再说。

南大洋漂浮的冰山由南极大陆的降雪积压而成。南极大陆的降雪经过长年累月的挤压，到冰川或冰盖的末端，断裂分离，流进海里，就形成了冰山。一座座冰山看上去虽然很美，却是船舶航行的大敌。露出海面的仅为"冰山一角"，海水下面的冰山至少还有露出的6倍大。看着这座平顶

195

大冰山，我无法想象它在海面下的体积有多庞大，也无法想象昨晚船长承受了多大的压力。

国家海洋局再次召开卫星连线视频会议，还专门成立了"雪龙"号脱困应急处置小组，国家海洋局极地考察办公室、中国极地研究中心、国家海洋环境预报中心等单位均进入一级应急值班状态，24 小时与"雪龙"号保持联系，及时分析研判冰情，研讨应对措施。

考察队组织船上的气象、海冰观测、物理海洋、船舶航海等相关专业人员，分析气象、洋流、海冰等，加强对海冰、冰山、潮汐等变化的监测。"雪鹰 12"号再次随时待命，在天气条件许可的情况下，准备开展冰情勘察。

当时，外界最关心的是"雪龙"号被困以后，船上的物资储备、淡水补给够不够，101 位人员的生命有没有危险。

其实，作为一条极其专业的科学考察船，"雪龙"号当时的物资储备和淡水补给足够坚持 3 个月，船舶自身也有机动性，因此，我们并不担心自身的安全。我们相信，当时南极正值夏季，海冰正处于融化阶段，假以时日，"雪龙"号一定能破冰突围。"爱国、求实、创新、拼搏"的南极精神始终洋溢在"雪龙"号上。

1 月 4 日，"雪龙"号停泊在南纬 66 度 39 分、东经 144 度 25 分的密集浮冰区，距离最近的清水区约 21 千米。"雪龙"号右舷方向的那座平顶大冰山已经漂移到船的右前方，渐行渐远，解除了对船的威胁。

但很快，大家发现"雪龙"号右后方又有一座更大的冰山正在缓慢靠近，不知是否会造成新的威胁。考察队派专人日夜监视。所幸，船头方向的那座"馒头"小冰山位置多日没有改变。

"雪龙"号大部分时间都在来来回回地缓缓破冰。就像飞机起飞前需要在跑道上加速滑行一样，"雪龙"号破冰也需要一定加速空间的水域。为了保证船舶安全，船在浮冰中开辟了一条约1000米长的破冰跑道，等待有利时机，破冰突围。这条狭窄的破冰跑道就是我们突围的生命线。

2014年1月5日

瞬息万变的南极，1月5日再次展露了她"爱发脾气"的个性。气旋过境，天气开始变坏。"雪龙"号停泊的这片重冰区风雪交加，窗外一片空白，周围的冰山隐身在白色的幕帘中。不过，船上先进的雷达设备却让它们原形毕露。在驾驶台的雷达显示屏上，我看到密密麻麻的黄色斑点，那就是一座座冰山的具体位置。

根据国家海洋环境预报中心的预报，1月6日至8日，"雪龙"号所在的这一海域将会出现大家期盼已久的西风，西风吹来的那30多个小时，就是"雪龙"号脱困的"时间窗口"。"雪龙"号真的能在西风的帮助下一举破冰突围、摆脱困境吗？

南极大陆和南大洋夏季经常吹东南风，"雪龙"号救援俄罗斯"绍卡利斯基院士"号的整整一周内，强劲的东南风夹着雪粒猛吹南极大陆，把南大洋的浮冰也吹成了大陆，从而造成了"雪龙"号深陷冰区。

然而，大自然从来都不是一成不变的。预报员从南极上空大量的卫星云图和冰图中惊喜地发现，在常年刮东南风的海域，一个副热带高压脊正在迅速形成，这将会使"雪龙"号附近出现时间间隙。届时，东南风将改为西风，基本上是朝相反的方向吹。同时，当地气温还有升高的迹象。西

风可能把浮冰从大陆方向朝着南大洋方向吹，就有可能把浮冰吹开一条水道，让"雪龙"号乘机回归清水区。

这个"窗口期"千载难逢，却又恰逢其时。

在积极设法摆脱困境的同时，"雪龙"号上一切井然有序，部分科学考察项目照常进行。一望无际的密集坚冰虽然暂时阻挡了"雪龙"号前进的步伐，却阻挡不了船上科考队员们探索科学奥秘的热情。

科考之余，大家的业余生活也丰富多彩，看书、下棋、打球、健身，等等。我用相机将他们的一张张笑脸记录了下来，并传回国内。相信国内的亲人们看到这些照片，连日来悬着的心应该能放下一些。

2014 年 1 月 6 日

破冰突围的"窗口期"快到了，"雪龙"号全船加紧备战。"雪龙"号

❄ "雪龙"号破冰

突围有三条选择路径：右舷方向、右前方和左前方，三条路径都有风险。

右舷方向是清水区，但浮冰太厚，远远超过"雪龙"号的破冰能力，而且"雪龙"号受"破冰跑道"的限制，向右转向极其困难；左前方与清水区方向背道而驰，浮冰也更加密集。

当时，"雪龙"号优先考虑的是向右前方突围，但最大的隐患是距船头 500 多米处的一座小冰山。如果靠太近，"雪龙"号会有被卡住的危险。突围的方案大致是，等待西风到来，把浮冰吹得松散后，"雪龙"号进行破冰相对容易，就能和冰山保持一定距离，一鼓作气，向右前方突围。

1 月 6 日凌晨两点半左右，"雪龙"号启动主机，开始"动车"破冰，以拓宽"破冰跑道"，为迎接即将到来的"窗口期"突围做好充分准备。

但准备工作开展得十分艰难。船的四周被大块的厚实浮冰团团围困，"雪龙"号好不容易将浮冰压成碎块，才空出的水域又立刻被风吹来的浮冰占领了。风向也没有改变，仍然是东南风。"雪龙"号一直在努力向右转向，但就是转不过去。船长王建忠急了，连声说："真邪门儿。"

中午时分，由于潮位降低，作业难度加大，船长决定暂时"停车"。

整整一个上午，"破冰跑道"拓宽不到四五十米。下午，高潮位时，"雪龙"号再次启动主机，继续进行拓宽工程。

根据国家海洋环境预报中心的专家预报，1 月 7 日凌晨左右至 8 日，"雪龙"号所在的这片海域将受到北方一股暖湿气流的影响，会出现有利于突围的西风。"雪龙"号所在的浮冰区正在向外围扩散，浮冰区边缘的浮冰已呈融化状态。不过，到了 9 日，又将刮起东南风，突围的气象条件不容乐观。这也意味着，"窗口期"转瞬即逝，必须做好一切准备。

全船上下严阵以待，大家各司其职。轮机部是"雪龙"号的心脏，位于船的尾部。刚刚经过改造的机舱里焕然一新，各类机器正在运转，发出

巨大的轰鸣声。

自1月7日凌晨起，国家海洋局"雪龙"号脱困应急小组和"雪龙"号上的考察队，都将进入48小时最高级别的应对状态。我充分感受到全船上下同仇敌忾、众志成城的战斗氛围。

万事俱备，只待西风。

突然出现的"闪电般水道"

1月6日晚11时开始，盼望已久的西风果然如期而至。天气转晴，久违的阳光照耀着白色的冰面。沿着"雪龙"号船尾的地平线尽头，白色的天空下有一抹淡蓝，那里就是清水区，就是前进的方向。

※ "雪龙"号船头冰面闪电般的水道

　　1月7日凌晨4时45分，船长王建忠下令启动主机，"雪龙"号开始"动车"，向船头右前方进行尝试性破冰，尽量避开前方的小冰山，向右转向，突围出去。

　　西风虽然吹动船周围的浮冰整体快速东移，但浮冰好像很团结，"手挽手"连成一个整体。"雪龙"号像一只被困的巨龙，发出低沉的嘶吼声，不断扭动着狭长的身躯小心翼翼地破冰，艰难转身。周围的大块浮冰已经被编号，"雪龙"号像啃硬骨头一样，一块一块地"咬"上去，一个角一个角地压碎，顽强地扩大地盘。无奈，浮冰太密集，冰上积雪太厚，被啃下的碎冰无处可去，只能漂浮在狭窄的航道中，几乎堵塞成白色的淤泥塘。

　　倒车、加速，倒车、加速，经过几个小时循环往复的来回破冰，"雪龙"号身边的"水塘"范围逐渐扩大。

　　不过，在努力调整航向、拓宽航道的过程中，"雪龙"号自身也危险丛生，一旦操作不当，就会对船上的机器造成很大的损伤。船上的舵机已经被海冰"别"了两次，舵机相当于汽车的方向盘，极为重要，也极为脆弱。

　　驾驶台上的气氛越来越紧张。绝不能因为急着脱困而伤害了我们的"雪龙"号，这是大家达成的共识。因此，"雪龙"号每一次破冰都十分谨慎。

　　1月7日下午，"雪龙"号与"坚冰"的鏖战更加激烈了。一声声巨大的破冰声吸引了很多"围观群众"——阿德利企鹅。只见它们三五成群

地结伴而来，在厚厚的冰面上灵活地爬上爬下，"翻山越岭"来到船舷边，好奇地看着"雪龙"号在浮冰中如困兽一般怒吼，"围观"了许久后才排着"一"字纵队向远方走去。

❄ "围观群众"——阿德利企鹅

原以为1月7日晚是"雪龙"号破冰突围的关键时期。驾驶台一侧，厨房已经准备了皮蛋粥、红枣桂圆等夜宵，我等待着又一个破冰的不眠之夜。

时间一分一秒地过去，窗外的能见度越来越低，驾驶台上的气氛也越来越紧张。一直到 5 点多，"雪龙"号还被困在密集的浮冰区狭窄的航道中，艰难地向右转向。

眼见西风的强度越来越弱，有利的天气"窗口期"越来越短，而"雪龙"号船头前依旧是白茫茫的一片。船长王建忠的神情越来越严肃，他从一个窗口奔到另一个窗口瞭望，用急促的声音指挥值班船员倒车、进车，一次又一次顽强地与浮冰进行斗争。

冰面上的雾气越来越大，能见度已不足百米，远处的冰山影影绰绰，越来越模糊。眼见不利的天气就要来临，破冰突围看上去毫无进展。但"雪龙"号毫不妥协，顽强地拼搏。

天无绝人之路，北京时间 17 点 20 分，"雪龙"号用尽全力，再次向前方的一大块坚冰冲击。就在那一瞬间，船头冰面突然裂开了一条水道，深黑色的海水在洁白的冰面上，仿佛一道闪电，从船头一直延伸到远方，直指清

水区。

大家都被这神奇的场面惊得目瞪口呆，良久，驾驶台才响起一片欢呼声。

❇ "雪龙"号船长王建忠指挥船只破冰

　　船长王建忠沉着冷静地指挥船只，迅速从这条水道破冰穿越，不到半小时，"雪龙"号顺利抵达清水区！

　　我来到驾驶台外，回首望去，这条裂开的闪电般水道在风力的作用下又迅速合拢起来，冰块再次密实地连成一片，仿佛什么也没发生过。这就是瞬息万变的南极！

　　在驾驶台欢呼雀跃的人群中，我怎么也找不到船长。后来才知道，他回到了自己的房间，哭了……

❋ "雪龙"号在清水区航行的景象

极地中国红

　　100 多年前，南极探险家欧内斯特·沙克尔顿在招募南极探险助手时曾写下这样的广告语："为一趟危险之旅招募男丁。薪水微薄，天气严寒，长达数月的黑暗，危机四伏，能否安全返回不可知。如果成功，即可获得荣耀和赞誉。"当年，这则广告吸引了无数人前来应征。众多探险者为了探索未知世界之谜，甘冒生命危险，义无反顾地踏上探险之路。

　　极地，历来是英雄辈出之地！时至今日，极地人仍充满了英雄主义情怀。极地以其无与伦比的壮丽风光和神秘气质，感动、吸引着每一个踏上这块土地的考察队员。

"雪龙"号上最可爱的人

船员是"雪龙"号上的"灵魂"，也是最可爱的人。许多船员常年奔波在南北两极，为我国极地科学考察事业做出了巨大的贡献。

朱大厨的薄脆煎饼

朱大厨，本名朱钜银，他性格开朗、厨艺高超，是"雪龙"号上最受欢迎的人之一。在早餐中，他烙的煎饼尤其受欢迎，薄薄的、脆脆的、香香的，每次都被早起的考察队员一"扫"而光。

❄ 朱大厨

每天早上5点多，朱大厨和其他4位厨师就忙开了。船上携带了近400种食品，一日三餐的菜单会在头一天晚上贴在"雪龙"号的网络论坛上。四菜一汤，荤素搭配，逢年过节还会加菜，除了蔬菜不是新鲜的，日子过得一点儿也不苦。

从1993年"雪龙"号组建班子到乌克兰接船回国，朱大厨就在船上工作了。2008年已经是他第11次到南极，那年他在长城站越冬。除多次到过南极，他还去过北极两次。他对考察队员喜欢吃什么菜、不喜欢吃什么菜了然于胸，自制了一份"雪龙菜谱"，将每种菜按适合考察队员口味的做法记录下来。

朱大厨说话声音很大，风趣幽默，每次吃饭的时候，听他讲笑话也是一道很好的下饭菜。晕船的时候，胃里翻江倒海，闻到饭菜的味就想吐，更别说吃了，这时候朱大厨最喜欢谈他的"高跟鞋理论"。

"我发现女队员都不怎么晕船,是因为你们都喜欢穿高跟鞋呀,踮起了脚跟走路,身体抬起来,就容易掌握平衡,所以和男队员比不易晕船。"朱大厨一边解释他的理论,还一边踮起脚,走几步学给我们看,逗得大家哈哈大笑。笑过后,感觉胃里也不那么难受了,饭也吃得下去了。

朱大厨最大的心愿是退休前再到南极最后一次越冬,退休以后带着老婆四处旅游,所以 2008 年朱大厨又报名越冬了。

朱大厨在我国第 22 次南极考察时在长城站越冬一年。那年,他和队友们在智利站到我国长城站的路上竖立了一块"好汉"碑。智利人不明白是什么意思,朱大厨跟他们解释说:"中国有句话叫'不到长城非好汉',到了中国的长城站,就都是好汉了。"

到长城站的时候,我和许多考察队员都在"好汉"碑前留了影。拍照的时候,我想起了开朗的朱大厨,想起了朱大厨的煎饼。

自古以来,我们都喜欢把武松式的英雄称为好汉,像朱大厨这样看似平凡但兢兢业业、对家庭负责的人,不也是条好汉吗?在我国极地科学考察事业中,像朱大厨这样的好汉不知有多少!正因为有这些好汉默默无闻地奉献,我国的极地科学考察事业才蒸蒸日上。

让南极见证爱

十里平湖霜满天，寸寸青丝愁华年；

对月形单望相护，只羡鸳鸯不羡仙。

2014 年中国第 30 次南极考察期间，当年的元宵节恰逢西方的情人节，"雪龙"号论坛上的这几句话引起了很多人的共鸣，尤其是长年奔波在地球南北两极的"雪龙"号船员们，让他们对妻子的眷恋和思念更加深厚。

情人节在西方是一个关于"爱"的浪漫节日。中国人比较内敛，较少在公众面前表达爱，何不以情人节为契机，让船员们大胆地公开表达一下对妻子的爱呢？

临行时，新华社上海分社新媒体中心给我准备了一些小巧玲珑的漂流瓶，船上的年轻船员们都很高兴参与这项浪漫的活动。我们将漂流瓶上的名字一个个贴好，然后让参与者将祝福语写在小纸条上，签上名字，卷起来塞进漂流瓶，让浩瀚无垠的南极半岛海域见证他们的爱情。

我们选择了一张有"ANTARCTICA"字样的海图，拍摄了两个版本的"爱情漂流瓶"纪念照。"企鹅版"有一只帝企鹅和 CHINARE 标识，凸显了南极科学考察的纪念意义；"手心版"是每个人的手心托起漂流瓶，表达了呵护爱情、思念妻子的内涵。

　　就在 10 天前，年轻的"雪龙"号船长赵炎平喜得千金，消息传到船上，他既高兴又内疚，他说："分娩、坐月子是女人一生中的重要时刻，但我不能陪伴在她的身边，不能在第一时间见到我们的小宝贝，真是一大遗憾。"在漂流瓶的纸条上，赵炎平写下了心声："老婆你辛苦了，我永远爱你！"

❋ "企鹅版"漂流瓶

❋ "手心版"漂流瓶

惊心动魄的冰上运输

在南极进行科学考察，和行军打仗一样：兵马未动，粮草先行。

在南极陆缘冰上，把大量的科学考察物资和油料从考察船上卸下来，再运送到南极大陆，是世界各国开展南极考察都必须面对的一道难题。

❄ 冰上运输

22 吨重的雪地车驶过冰裂隙

每次南极考察，海冰卸货都被考察队当成一场必须打赢打好的"攻坚战"。

中国第 24 次南极科学考察时，考察队需要从船上卸下来的物资有上千吨，包括内陆冰盖队的考察物资、中山站度夏科考仪器、中山站后勤物资、基础设施能力建设物资以及各种油料。其中，有 4 辆 22 吨重的卡特比勒挑战者系列的雪地车，当时创下了我国南极考察历史上最重的货物纪录。

在考察队决定运输的前一天，南极刮起了八九级大风，中山站的最大风力达到了 11 级。大风夹杂着雪花，转瞬间天地就成了白茫茫的一片，能见度极低。这种从海上向南极大陆吹的东北风，正好有利于陆缘冰的挤压，一些冰裂隙在风力和气温的作用下，重新封冻起来，海冰变得结实坚硬，非常有利于海冰运输。

考察队制订了详细的运输方案。我作为随队记者，坐在前方开路的凯斯鲍尔雪地车里，亲历了这场真正的"如履薄冰"。

当天下午 3 点左右，24 人的重型车队正式从"雪龙"号出发，前往中山站。天空仍飘着雪花，能见度很低。透过车窗玻璃，只看到坑洼不平的雪面上，不时有一堆堆冰块结晶，那是融化后重新冻结起来的海冰。不远处，两三只海豹在冰上悠闲地"散步"，而海豹出没的地方也是很危险的

地带，因为附近一定会有海豹洞，海冰硬度相对较低。

4辆沉重的卡特比勒车缓缓行驶在冰面上，所过之处轧出了一道道近10厘米深的车辙印。在距离"雪龙"号6千米处，车队遇到了一条隐隐约约一直延伸到天际尽头的冰裂缝，尽管看上去只有60厘米宽，但不少裂缝处被雪覆盖了。铺路架桥突击队在冰裂缝上铺设木板时，来自中铁建的高梦庭不小心踩到了裂缝边的积雪，一条腿滑进了裂缝中，他迅速抓住了木板，才没有继续下陷。

当22吨重的卡特比勒车缓缓地开上木板，驶过冰裂缝时，所有人的心都提到了嗓子眼。那一刻，我站在冰裂缝的前方拍摄，十分明显地感到脚底下的冰面在不断地震动，似乎随时可能支离破碎，而海冰下面就是三四千米深的海水。

好在有惊无险！但重型车队行进到12千米处，又遇到一条更宽的冰裂缝，可见处最窄也有1.2米。海冰专家孙波判断，这是一条处在发育期的潮汐裂缝，在潮汐的作用下，随时可能加深加宽，比第一条冰裂缝更加危险。

❄ 考察队员的腿不小心滑进南极冰裂缝

从"雪龙"号到中山站只有 18 千米的距离,我们却足足行驶了 3 个小时。晚上 6 点,车队终于到达了中山站,站上所有的考察队员都站在海冰边缘翘首以盼,挥手致意,欢呼声响彻云霄。

❄ 全地形车探路景象

南极海冰好像"夹心饼干"

6 年后,我参加了中国第 30 次南极科学考察,考察队又要打海冰卸货"攻坚战",也需要把一辆 22 吨重的卡特比勒车运送到中山站。

但这次的运气就没那么好了,因为南极的海冰变得好像"夹心饼干",最上层是厚厚的积雪,积雪下面还有一层软软的"融水夹层",最下面才是一米多厚的海冰。海冰运输变得更加危险。

在进行海冰运输之前,考察队按惯例组织专家进行冰上探路。为了探测出一条精确、安全的海冰运输路线,海冰专家和经验丰富的科考队员组成探冰小组,开着两辆全地形车和三辆雪地摩托车,携带冰钻、冰雷达等海冰探测设备,从"雪龙"号向着中山站方向进行海冰探路。

通透而无所遮拦的极地阳光肆意地照射在冰面上,白茫茫一片,十分刺眼,即使戴着墨镜和面罩,时间久了也会感觉眼睛很干涩。一望无垠的冰面看上去很平坦，实际上凹凸不平，积雪很硬，坐在车上颠簸得很厉害。

在距"雪龙"号六七海里处，坐落着一座皇冠状的大冰山，探冰小组发现了第一条冰缝。探冰队员用冰钻在冰缝两侧每隔半米的地方打了好几个冰钻，经过对比，海冰的厚度比较一致，约 1.2 米，雪厚 0.5 米，说明这是一条垂直向下裂开的冰缝。垂直冰缝危险系数相对小一些，最怕的是拱形冰缝，表面缝隙不宽，但底部薄冰跨度大，会给海冰运输带来极大的风险。

探冰小组继续前进，行驶 4 千米后，发现一群海豹在一座大冰山前晒太阳。海豹的出现意味着周围有冰缝，果然，不久就看到一条大冰缝，一直裂到冰山脚下。通过观察检查，发现这条大冰缝是最危险的拱形冰缝。此后，在距离中山站约 1.7 千米处的一座悬崖状的大冰山前，探冰小组又发现了一条拱形冰缝。

为了绕开这些危险的冰缝，探冰小组必须寻找一条安全可靠的运输路线。队员们在冰缝周围的冰面上仔细观察、细致讨论，同时用冰雷达测量沿途海冰的内部结构。

不知不觉过去了七八个小时，午饭时间早已过了，大家饿了就吃一点儿随身携带的饼干、巧克力，渴了就抓一把南极雪塞进嘴里，累了就坐在冰面上休息一会儿。

不到 20 千米的路，探冰小组驾车行驶了七八个小时才到中山站。稍作休整后，探冰小组再驾车返回"雪龙"号，沿途再次对危险的冰缝进行全面"体检"，看看时间和潮汐对冰缝有什么影响。直到晚上 11 点多，探冰小组才安全返回"雪龙"号。

根据这次探路的情况，考察队制定了一条详细的路线图，沿途有的地方还用木板铺路架桥。但后来都没用上，因为等到真正运输的时候大家发现，海冰变化很快，其厚度根本不足以承受太多的重物。

当时的冰面有厚厚的积雪，积雪下面还有一层约 0.4 米厚的融水夹层，最下面才是 1 米多厚的冰。考察队的雪地车拖着雪橇行驶在冰面上，好像行驶在松软的冰雪"夹心饼干"上，不时陷入雪坑。22 吨重的卡特比勒车被吊运到冰面上时立即就陷了下去，承载都十分困难，更别说运输了。

经过多次努力尝试，考察队最终决定搁置海冰运输方案，全部采用直升机吊挂作业。好在那些天南极的天气晴好，考察队的"雪鹰 12"号也非常给力。

在白茫茫的南极天地间，"雪鹰 12"号如同一只充满朝气与活力的红色"小蜻蜓"，不知疲倦地来来回回飞行。小巧的机身下方拖着一条长长的挂绳，挂绳上吊运着各类物资，往返一趟三四十分钟。

每天清晨四五点，中国第 30 次南极科学考察队领队、临时党委书记刘顺林和副领队夏立民就来到驾驶台，指挥直升机进行吊挂作业，几乎 20 多个小时不离开。每一个飞行架次，他们都会拿起高倍望远镜仔细观察，随时指挥，精确计算每一种吊挂的物资重量。为了配合直升机作业，"雪龙"号船长王建忠还指挥船只在破冰航道上来回移动，为飞行吊挂腾出作业场地。

一连几天，从清晨 5 点多到次日凌晨两点多，"雪鹰 12"号要连续飞行 30 多个架次。如此繁重而频繁地进行直升机吊挂作业，在我国南极考察史上也不多见。

"直升机吊挂是所有飞行科目中最难的项目之一，更何况是在南极。"机组组长曹井良说，"南极的磁差大，罗盘的偏差达到 75 度，驾驶时仅靠罗盘肯定不行。在国内飞行时有精确的天气预报，但南极的天气说变就变。南极紫外线特别强，长时间飞行容易视觉疲劳。"

在各类物资中，最难吊运的是圆柱形的油罐、方形的木箱等体积大、迎风面大的物资。在吊挂内陆考察所需的 6 个 3 吨重的大油罐时，在空中能明显感觉到油罐拉着直升机不停地摇晃，驾驶员好像在空中骑马一样。为了摆正直升机的位置，需要不停地操纵仪器，驾驶员精神高度紧张。

除了"雪鹰 12"号，考察队还携带了一架"直-9"，主要用来运输人员。在中国第 30 次南极科学考察中，上千吨的物资全部通过直升机吊挂卸货，"雪鹰 12"号飞行 245 架次，"直-9"飞行 136 架次，没有发生一起不安全事故，出色地完成了各项任务。

❄ 忙碌的"雪鹰 12"号

东南极的一抹"中国红"

　　大红的中国结、多姿多彩的京剧脸谱、绚丽的唐卡……第一次走进南极中山站，浓浓的中华文化气息扑面而来。地球最南端这块遥远而孤独的大陆，因为中国考察队的到来而增添了一抹亮丽的红色。

❄ 南极美景

科考"大本营"

位于东南极大陆拉斯曼丘陵上的中山站,是我国1989年在南极建立的第二个常年科学考察站,经过多年建设,已初具规模,共有办公栋、宿舍栋、气象栋、文体栋、发电栋、车库、油罐等各种建筑15座,共27000多平方米。

具有浓郁民族文化特色的"中山堂"是中山站的外宾接待室。孙中山先生的铜像摆放在最显眼的位置;铜像正对面是邓小平1984年为中国科学家首次考察南极所做的题词:"为人类和平利用南极做出贡献。"

南极是研究全球气候和环境变化的关键区域,尤其是在对地球空间环境观测方面,中山站的地理位置得天独厚。由于地球磁层的极隙区是太阳风直接进入地球高空大气的唯一通道,中山站正好处在极隙区的纬度,随着地球自转,中山站白天位于极隙区,夜晚进入极盖区,一天两次穿越极光带,可以观测到电离层的能量传输过程和极光现象,是科学家监测地球空间环境的理想之地。

为了长期、细致、持续地观察研究南极,自1989年起,我国每年都有一二十名考察队员在中山站越冬。

走在站区,"祖国您好!""展冰雪南极豪情,献赤诚报国之心!"等一幅幅标语,倾诉了科考队员的心声。一个标注着中国各大城市与南极距离的路标,醒目地竖立在中山站前,使考察队员可以找到遥拜祖国和家乡

的方向。我国第 13 次南极科考队员将中山站 5 个油罐的前后两端画成了京剧脸谱，如今已成为南极一道亮丽的风景线。

　　尽管与祖国有万里之遥，我国考察队员仍以自己的聪明、智慧、勤劳和友善，将中华民族文化深深烙印在地球的最南端。

❄ 中山站 5 个油罐上的京剧脸谱

被中山站食品仓库惊呆了

民以食为天，在寸草不生的南极大陆，中山站越冬队员要在这里坚守一年，他们吃得怎么样？在中国第 24 次南极科学考察中，有一天，中山站的越冬管理员程言峰正好要去食品仓库取做饭的食材，我便跟着他一起去仓库看看。

走进食品仓库，我简直惊呆了。小小的红色房子被分成了副食品间、蔬菜间、水果间、饮料间、冷冻库、冷藏库，还有一个服装间。为了补给中山站一年的食物，"雪龙"号启程来南极时，从国内运来了各种各样的食品，途经澳大利亚和阿根廷的港口时，也捎带了一些新鲜的食品。

其中，粮食类有大米、面粉、糯米、玉米渣、小米、花生米、黄豆、红豆、芝麻等 17 种；副食品类更多，有火腿肠、黄花菜、百合干、腊肉、酱鸭、虾皮、龙虾片、木耳、香菇、红枣、腰果等 37 种；此外还有各种调味品，如香辣酱、香糟卤、蚝油、葱粉、嫩肉粉、炸鸡粉、沙拉酱、桂皮、孜然、火锅调料等，多达 66 种；至于各种罐头食品、冷冻食品、豆制品、水产品、蛋类、饮料等，则有 200 多种。各种各样丰富的食品将仓

库塞得满满当当。

与此形成鲜明对比的是新鲜蔬菜和水果的稀有。水果间里只有苹果、梨子、橙子、柚子、西瓜、哈密瓜、猕猴桃等有限的几种水果，数量也不多；蔬菜间里的品种更少，稀稀疏疏地摆放了卷心菜、土豆、胡萝卜、西红柿、洋葱、大葱、青椒、生姜、大蒜等蔬菜，屈指可数。从澳大利亚带来的芹菜只剩下几捆，菜叶早已经变得焦黄，但菜秆还可以吃；而从国内带来的南瓜、四季豆、地瓜、苦瓜、毛豆，运到中山站时就已经烂掉了。越冬期间的蔬菜"主力"是大白菜，还有 900 千克，专门有一个房间储存，一箱一箱堆成了一堵墙。

"如何把新鲜蔬菜和水果从国内运到南极并保管好，是许多国家科学考察站遇到的普遍难题，由于'雪龙'号从上海出发到南极，需要一个月的时间，沿途要经过春、夏、秋、冬 4 个季节，而船上的蔬菜库容量有限，一些蔬菜又不容易保鲜，因此要在南极吃上新鲜的蔬菜、水果很不容易，尤其是越冬后期，对考察队员来说，新鲜食物简直是奢侈品。"越冬管理员程言峰说。

我国南极考察队员经过多年越冬实践，摸索出了一套保存新鲜鸡蛋的方法，他们称之为"倒蛋法"。原来，鸡蛋之所以容易坏，大多是因为新鲜鸡蛋长时间静置不动，蛋黄下沉，贴在鸡蛋蛋壳内部的下面，时间一长，蛋黄就与蛋壳粘连，鸡蛋就保存不了多久了。

知道了这个原因后，考察队员将整箱的鸡蛋每星期颠倒一次，使蛋黄不在蛋壳内的一个地方停留太久，避免了粘壳，同时储存鸡蛋的温度一直保持在 0 ℃~4 ℃，并提高环境的湿度，从而使新鲜的鸡蛋可以保存一年以上。这种"倒蛋法"一直延续至今，如果存放得当，可以保证考察队员全年都有新鲜的鸡蛋吃。

❄ 在蔬菜温室里采摘蔬菜

此外，发芽菜，也是中山站越冬队员补充新鲜蔬菜的一种行之有效的方法。从国内常见的黄豆芽、绿豆芽、豌豆苗、香椿苗、蒜苗，到不常见的萝卜苗、松柳苗、花生苗、姜芽等，各种蔬菜深受欢迎。

作为中山站今年越冬期间的管理员，程言峰每天都要到食品仓库察看，确保仓库内恒温，根据各种食物的储存状况，合理安排越冬队员每天的膳食，同时尽量延长新鲜食物的储存期。他拿起一棵卷心菜，小心掐掉外层已经黄蔫的菜叶，再轻轻放回原处。仔细比较后，他选了几棵黄叶最多的卷心菜先吃。

他眼里流露出的爱惜和不舍，深深感染了我，也深深刺痛了我。

2013年底，我跟随中国第30次南极科学考察队再一次来到中山站，恰巧又和管理员程言峰是队友，他特意邀请我去中山站参观他的温室菜棚。

原来，为了让越冬队员吃上新鲜蔬菜，中国极地研究中心开展南极环境下种植蔬菜的研究和试验，程言峰和队友们建成了蔬菜无土栽培温室，成功培育出生菜、莜麦菜、茼蒿等品种。当时平均每天可采摘1.5千克的新鲜蔬菜。

自从有了蔬菜无土栽培温室，我国南极考察队员就可以随时吃上新鲜蔬菜了！

在南极盖房子有多难

考察站是各国在南极开展科学考察、维持考察队员生活的"大本营"。随着现代建筑科学的发展，各国不断完善在南极建立的科学考察站，以使其功能更加齐备，我国也不例外。

在中国第24次南极科学考察期间，我国中山站历史上规模最大的扩建工程破土动工。根据规划，中山站新建约3880平方米的建筑面积，包括综合楼、车库、综合库、空间物理观测栋、废物处理栋、污水处理栋、锅炉房、高频雷达机房等建筑。在中国第24次南极科学考察期间主要是给这些建筑"打地基"。

承建中山站扩建工程的中铁建工集团，是第6次参加南极工程建设，有丰富的经验和一系列现代化的施工手段。但即使这样，他们在南极盖房子还是遇到了许多在国内无法想象的困难。

在项目经理刘笃斌的带领下，中铁建11名考察队员在南极战风雪、斗严寒，克服了施工中遇到的种种困难，在短短两个多月时间内完成了中山站6个单体建筑的地基工程，并按时拆除了科研栋等老建筑，圆满完成了建设任务。他们被全体考察队员誉为中山站的"铁军"。

按照现代工程项目的管理模式，中山站扩建工程首次引进了监理制度。来自中船第九设计研究院的曹硕伟，是我国中山站首位工程监理，为保障工程质量和安全施工发挥了重要作用。这位 26 岁的年轻人，在他的日记中详细记录了中山站这支"铁军"在南极拼搏奋斗的日日夜夜和点点滴滴。

2008 年 2 月 5 日　　　　　　　　周二　　　　　　　　超级暴风雪

东经：76.22 度　南纬：69.22 度　风速：19.40 米每秒　拉斯曼丘陵中山站

小年夜，风极、寒极大挑战

　　今天是农历很重要的节日，小年夜。按理说，今天已经是节日了，但是工程进度不饶人，在污水处理栋和废物处理栋工程模板钢筋做好之后，接下来就是这两个单体建筑物的混凝土浇筑了。

　　南极的天仿佛为了回应国内大雪连绵的召唤，也开始纷纷扬扬地下起大雪来。吃过饭，按照工程进度，应该是混凝土浇筑过程，眼看着天空从晴朗无云到淅淅沥沥下着小雪，究竟是干还是不干？想休息，但工程进度不饶人，不得不干！于是，工程组兄弟们纷纷从宿舍栋冲出来，开始准备混凝土的配料。

　　作为项目监理专业负责人，我活跃在工地的各个角落，仿佛一个备用人员，哪里需要我，我就出现在哪里。项目经理老刘更不得了，一个人"呼哧呼哧"地在那边捣鼓起水泥来。别看老刘"猴子"一样的身材，干起活来可不含糊，拎起 100 斤的水泥跟玩儿一样。这点我和老刘就差远了，白长了 130 斤的肉，连一平锹黄沙都铲不起来。

　　实事求是地说，南极的雪完全不同于国内的雪。国内的雪大，但要纷纷扬扬下好久才能积起来。南极的雪说变就变，30 分钟之后，风速高达 14.7 米每秒，瞬间最大风速达到 19.4 米每秒，不到 1 个小时地上就积起厚厚的一层。加上暴虐的南极风,雪花在空中不是飘落,而是被风吹得笔直地在空中横行,雪粒就像子弹一样狠狠地打在脸上。

本来以为只是毛毛雪的老刘一下子傻眼了。但是,既然打灰开始了,就不能停下来。为了减少整个打灰作业的时间,老刘咬咬牙,自己开了一辆装载车。这样,整个施工现场就有两辆装载车、一辆吊车和一个搅拌机在工作。因为工程组人少,所以后台就留了 3 个人,还包括我这个义务开自落式搅拌机的。

老刘开着装载车,因为天冷、风大,雪花落在玻璃上立刻就凝结成冰,瞬间就完全看不清前面的路况,只能打开车门,从车门探出头来开,甚至脱下手套,用手的温度化开前面玻璃上粘挂的冰层。开着门的装载机挡不住雪花,瞬间头发上积了一层雪,然后解冻化成水,接着冷风又把这些水冻成了冰碴。

原计划用吊车进行打灰,但高达 14 米每秒的风速太危险,连中铁绑旗帜的钢筋都被暴风雪吹得折弯了。当下,我决定改成挖掘机打灰,让小屈立刻去车库把挖掘机开过来。这时,看到老刘跟个铁人一样,头上顶着厚厚的冰碴,迅速从装载车上跳下来,帮着校正挖掘机的位置,用振捣棒来疏通打灰筒上的水泥浆。很快,南极的暴风雪就将老刘变成了一个"雪人",活脱脱一个"圣诞老人"。

这是我在南极遇到的最大的两次暴风雪之一。第一次是在卸货的时候,但那时大部分人都没有进行湿作业,而且车辆也是御寒性能极好的雪地车;第二次就是这次,大家一边用湿漉漉、黏糊糊的水泥浆打灰,一边对抗子弹般的雪粒和巨大的狂风。

……

到现在,我才终于明白,什么叫"钢人铁马"的中铁精神,什么是

"爱国、求实、创新、拼搏"的南极精神。

……

两点半开始打灰，进行了整整 5 个小时后，终于顺利结束了。当我和老刘忙完这一切，带着满身的雪花和冰碴走进主楼食堂，考察队领队助理糜文明处长和很多考察队员用一阵阵热烈的掌声迎接我们。

老逯、老殷和大厨给我们端上一碗碗热乎乎的疙瘩汤。喝着疙瘩汤，看着大家开心的笑容，看着亲切地拍着我们肩膀的科考队员，我深深感到，在南极中山站科考队大家庭里每一个人都不会感到孤独。

再重逢，中山站旧貌换新颜

参加中国第 30 次南极科学考察，我第 2 次到中山站，欣喜地看到中山站旧貌换新颜。

"雪龙"号抵达南极大陆后，考察队安排我们记者乘坐"海豚"直升机航拍，那天的天气虽然不是很理想，但机会难得，我十分珍惜。

位于东南极大陆的拉斯曼丘陵的中山站，附近有两个邻居：俄罗斯进步站和印度巴拉提站。俄罗斯进步站是一座常年科学考察站，与我国中山站相距很近。巴拉提站是印度在南极建立的第 3 个科学考察站。记得参加中国第 24 次南极科学考察时，我们在中山站还曾接待过印度考察队员。

从空中鸟瞰，我国的中山站生机勃勃，处处呈现建设中的景象。中山站建成于 1989 年 2 月 26 日，站区平均海拔高度 11 米。经过多年的建设，现有各种建筑 15 座。

在我的记者生涯中，经历过许多次空中航拍，航拍中山站算得上我印象最深的航拍之一。

想象一下，在洁白的南极大陆上空，将直升机的一个舱门卸了，坐在直升机门边拍摄，呼呼的南极风从身边吹过，那是一种怎样的体验？

可惜那天云层极厚，天地融为一体。令我意外的是，空中俯瞰南极冰面，出现了许多美丽的冰山融池。"雪龙"号停靠在普里兹湾的陆缘冰地带，有许多冰山被冻结在陆缘冰上，随着夏季来临，这些冰山将随着冰开而漂浮在海面上。

参加北极考察时，北冰洋的冰上融池令我十分惊艳。南极比北极冷，南极海冰和北极海冰最大的区别之一是没有冰上融池。想不到，却在南极的冰山上看到了冰山融池。有的融池是淡蓝色的，有的是墨绿色的，有的是深蓝色的，有的是淡绿色的，造型各异；有的融池位于冰山和冰面的交界处，有的却位于冰山顶端的凹陷处。

经过 25 年的建设，中山站如今已成为我国东南极科学考察的"大本营"，是昆仑站、泰山站科学考察的坚强后盾。

❄ 中山站远眺

极地过年

南北半球冬夏相反，每年南极考察是南半球的夏天、北半球的冬天。我国南极考察队每次都要在南极过春节，极地的春节是怎样过的呢？会有热腾腾的饺子吃吗？

在长城站过鼠年春节

第一次在南极过年是 2008 年农历鼠年。

那年春节前夕，考察队早已"兵分四路"，各自过节。中山站有 70 多名度夏和越冬考察队员，大家热热闹闹地一起过大年，站里站外洋溢着浓郁的节日气氛，厨师也准备了丰盛的年夜饭。由于中山站比北京时间晚 3 个小时，因此中山站的年要比国内过得晚。

南极内陆冰盖考察队 17 名队员在距离中山站 300 多千米处的南极内陆冰盖上，他们要在那里过一个冰雪茫茫的春节。考察内陆队是所有南极考察队中最辛苦的一支队伍，由于长时间食用冷冻食品，队员们食欲下降，急需补充体能。中山站站长邵辉和第 24 次考察队领队助理縻文明，在大年三十当天乘坐"卡莫夫"重型直升机到冰盖上慰问，给考察队员们送去了新鲜蔬菜和水果，让他们吃上一顿新鲜丰盛的年夜饭。

我所在的综合队春节前就乘坐"雪龙"号从中山站航行 4000 多海里，抵达了长城站。由于卸货任务很重，南极的天气又瞬息万变，必须抓紧一切有利时机尽快完成任务。因此，尽管"雪龙"号和长城站近在咫尺，临时党委仍决定各自吃年夜饭。如果天气状况好，船站之间的卸货小艇在大年夜也将不停歇。

"雪龙"号上的餐厅被装饰一新，考察队员和船员们准备了许多喜庆的对联，只等大年三十那天贴起来；我国第 24 次南极科学考察队临时党委给

每一位考察队员都准备了新年礼物——一只可爱的毛绒老鼠；来自国家海洋局等单位的拜年电报也如雪花一般，从万里之外的祖国陆续飞来。

❄ 鼠年春节包饺子

鼠年的大年三十，我是在长城站度过的。

那天，长城站所在的乔治王岛雪后初霁，和煦的阳光透过云层，温暖地洒落在南极大地。大红的中国结、喜庆的红灯笼、丰收的红辣椒、多姿多彩的京剧脸谱、小巧精致的窗花，将长城站内外装饰得喜气洋洋。

由于长城站时间比北京时间晚 12 个小时，中央电视台春节联欢晚会开始的时候，正是长城站的早餐时间，许多考察队员一边吃早餐一边享用电子"年夜饭"——春晚，整个餐厅洋溢着欢声笑语。早餐过后，大家一起包饺子，厨艺精湛的厨师陈玉彬则全力以赴地准备年夜饭。

每年春节，我国长城站都会邀请乔治王岛上其他国家考察站的队员来做客，共庆中华民族的传统节日。当年，站长孙云龙邀请了俄罗斯别林斯高晋站、乌拉圭阿蒂加斯站以及智利空军站、海军站、机场站、研究所站等考察队员代表共 20 多人，来长城站共吃年夜饭。

晚上 5 点多，中外考察队员在长城站汇聚一堂。"这已经是我第二次来长城站庆祝中国的春节，我感到中国人很热情、很注重感情，我第一次来长城站的时候，这里的房子还很小，现在越来越大了。"爽朗的乌拉圭站女医生赛尔维亚说。

邻近的智利空军站站长劳维尔已经是第 4 次来长城站过年了。"希望不是最后一次，"他笑着说，"中国的菜非常好吃，我们在这里玩儿得也很开心，记得去年来长城站过年的时候，玩儿得太晚了，回去太太还很不高兴。"

智利与南极只隔了德雷克海峡，几乎把南极当成了自家的"自留地"一样经营。站区内有医院、银行、学校，甚至还有教堂。许多人都是一家人生活在南极。

在地球最南端的南极过年，对中国考察队员来说，无疑是一次难忘的经历，但每逢佳节倍思亲。"征途远思国强悠悠岁月廿四载，忍孤寂念亲恩铮铮汉子十九条。"张贴在长城站生活栋楼梯口的这副对联，令人过目难忘，醒目的是横批："不辱使命"！

乔治王岛

中国第一个南极科学考察站——长城站，建在乔治王岛。乔治王岛是南极洲南设得兰群岛中的最大岛，面积 2000 余平方千米。1599 年，荷兰人最早发现这个岛，英国探险家在 1819 年 2 月探险时又发现该岛，1819 年 10 月，英国宣布主权，登陆并命名这个岛为"乔治王岛"。

乔治王岛气温较高，风光秀丽，是很多动物的聚集地，在这里，你可以看到成群的企鹅、漂亮的海鸟、可爱的海豹。岛上常年被冰雪覆盖，只生长苔藓，有十分优质的煤田资源。每年 2 月到 3 月，沿岸浮冰最少，便于登岛。阿根廷、巴西、智利、俄罗斯等许多国家都在这里建立了科学考察站。

"雪龙"号上的马年春节

2013 年 11 月 7 日，我跟随中国第 30 次南极科学考察队再次奔赴南极。

随着 2014 年农历马年春节临近，船上思乡的气氛越来越浓。作为随队记者，我在船上开展了两项活动。一项是在新华网和上海分社新媒体中心的支持下，面向全国人民征集"雪龙"号上的春联。当时，"雪龙"号经历了救援与脱困事件后，得到了全国人民的极大关心，我希望船上贴的春联能将这个事件浓缩展现。"雪龙"号征集春联活动得到了广大网友的热烈响应，共征集到数百副春联。考察队经过认真评选，选出了其中几副，由考察队的画家王中军用毛笔书写出来。

大家在船上将春联张贴起来，又装饰了一些大红的中国结、喜庆的红灯笼、丰收的红辣椒、倒挂的"福"字等，"雪龙"号餐厅变得喜气洋洋，充满浓浓的年味。

"科考建站，赤子捧心，万里征程何所惧？救援脱困，感天动地，八方美誉扬国威！"张贴在餐厅的这副主打春联，是我们根据网友"联览四海"的应征春联思路集体创作修改的。这副春联将考察队承担的任务、"雪龙"号救援与脱困以及我们的心声展现了出来。

我组织的另一项活动是在"雪龙"号的论坛上征集考察队员对家乡的祝福语，也得到了很多队友的响应。1 月 28 号，"雪龙"号在南极一个火山岛附近避风。利用这难得的休息时间，王中军把队员对家乡的祝福写出来，我们依次拍照，发在微博、微信上，将队员对家乡的祝福传播出去。

"雪龙"号政委王硕仁留言说："捧一把南极的万年冰雪，装一袋南大洋的洁净空气，化作我最真挚的祝福，让'雪龙'号带给江西余干县的父老乡亲，祝你们马年快乐，万事如意，幸福美满！祝福上海的妻儿马年吉祥，健康快乐！"

大洋队的考察队员郭延良说："'慈母手中线，游子身上衣。'出门在外，最思念、最牵挂的是家乡的亲人。今年是我第一次没能回家陪父母亲过年，没想到这第一次就远隔万水千山。值此新春佳节之际，恭祝山东聊城的家乡父老：阖家欢乐，万事如意，日子红似火，生活甜如蜜。祝家乡发展越来越好，越来越美丽。"

许多年轻的科考队员对我说，马年春节是他们记忆中最忙碌的一个春节，也是过得最"马虎"的一个春节。

由于船上时间比北京时间晚一天，北京时间大年三十那天，考察队决定让每位队员免费打卫星电话，向国内亲人拜年，同时还给每人发了一大包花生、瓜子、牛肉干、核桃等。在"雪龙"号驾驶台，大家都在电话里用家乡话给国内的亲朋好友拜年。

除夕那天，"雪龙"号停泊在距离长城站约 20 海里处避风，只待天气

※ 马年春节拜年合影

好转，随时准备放下小艇进行卸货作业。在这种"备战"状态下，船上的年夜饭采取了自助餐形式，12个菜盘摆放在餐厅中间，大家各取所需，以饮料代酒，互祝新年，匆匆一个小时，就结束了这顿年夜饭。

但许多"雪龙"号老船员对这种过年方式早已习以为常。作为我国目前唯一一艘极地科学考察船，"雪龙"号上的许多船员已经连续10多年执行南极考察任务，也连续10多年不能和家人一起过年，每年春节都在南极忙碌的工作中度过。

船长王建忠执行过13次南极考察任务，政委王硕仁执行过15次南极考察任务，年轻的"雪龙"号第二船长赵炎平执行过9次南极考察任务。此外，"雪龙"号的事务主任缪炜、水手长唐飞翔、厨师长包志相、实验员吴林、木匠夏云宝、水手马骏等许多船员，都参加过10多次南极考察。

政委王硕仁说："逢年过节，我们感到最难过的是对不起家人，在千家万户都热热闹闹过大年的时候，我们却10多年都不能陪伴在家人身边，团团圆圆过一个完整的年，这是我们心里最愧疚的事。但极地事业是关系到中华民族长远利益的一件大事，功在当代，利在千秋，我们愿意为国家的极地事业，舍小家、为大家。"

在中国第30次南极科学考察时，"雪龙"号为长城站补给的物资和油料有上千吨，卸货任务很重，再加上前期救援和脱困耽误了时间，要尽量争取回来。

紧张的卸货工作从正月初一凌晨1点左右开始。"雪龙"号来到距离南极长城站不到1海里处，海面上风速虽然减小，但涌浪仍未消，驳船摇晃幅度太大，船长王建忠决定先卸油。与此同时将货物吊运到舱盖上，做好准备等待运输时机。

"雪龙"号为长城站补给的油，是通过驳船一趟一趟"蚂蚁搬家"似的运送到长城站码头的油库中的。船员们将运输油的驳船叫作"油驳子"。"油驳子"自身没有动力，必须由"黄河"艇携带着航行。

长城站位于南极圈外，已经黑天，但天亮得很早。初一的凌晨，灰蒙蒙的空中又飘起了细碎的雪花。"黄河"艇左舷携带着"油驳子"在海面上艰难航行，涌浪不停地打到"油驳子"上，几乎将其淹没。

最危险的是"黄河"艇携带"油驳子"靠近"雪龙"号加油的时候，一波又一波凶险的涌浪掀起"油驳子"砸向"雪龙"号的船舷。"雪龙"号不停地摇晃，"油驳子"更是左右摇摆、上下颠簸，甲板上的油污踩上去十分打滑。

值班带缆的考察队员将一根粗大的输油管从"雪龙"号船舷边慢慢地吊下，接到"油驳子"的驳舱里。需要上下"黄河"艇换班的人员，则是通过"雪龙"号船舷边垂下来的软梯，爬上爬下。即使是最有经验的船员，每次上下也有些提心吊胆。

从初一到初二，南极的天气状况很好，许多船员连续工作30多个小时没合眼，穿着满身油污的衣服到食堂匆匆吃完饭又接着上岗。在"雪龙"号驾驶台，领队、船长、轮机长、政委等人也都日夜在岗，在窗口焦急地注视着"黄河"艇一趟又一趟地装运物资和油料。好天气的时间不多，他们精确到按分钟计算，精心安排"黄河"艇每一趟来回装载的货物。

❄ 冰上足球

南极冰上足球赛

"雪龙"号离开中山站前难得的一个下午空闲时段,阳光灿烂,气温仅为零下 1 ℃左右。考察队中的大洋队、综合队、维多利亚地队、第 29 次越冬队和"雪龙"号船员,纷纷组建了足球队。

大家在白色的冰面上插了一圈彩旗,圈内就是足球场。球场两端多插了几根竹竿,就是球门。各就各位后,南极冰面足球赛火热开赛。

"在厚厚的雪面上跑起来很吃力,有时踢着踢着就踩到一个雪坑,脚全部陷进去了,拔起腿接着再踢。在南极'白色的足球场'里踢足球,平生还是第一次,非常愉快,非常难忘。"考察队员姜磊开心地说。

许多不上场的考察队员则围坐在彩旗附近,饶有兴致地观看足球赛,不时发出喝彩声。场上的运动员有的干脆把厚厚的考察队服脱掉，轻装上阵，全身心地享受冰上踢球的乐趣，场面热火朝天。

我们欢快的笑声吸引了几只小巧玲珑的阿德利企鹅，它们好奇地前来观望。这几位小观众一下子成了全场的焦点"明星"，大家拿起相机和手机一阵猛拍。

冰上足球赛后，"雪龙"号厨师在船边摆上了桌子，端来刚刚烤好的

羊肉串、香肠、鸡翅、牛肉、鱿鱼、大虾、玉米等美食，大家享用了一顿丰盛的冷餐。结束后，大家不忘记将垃圾收拾干净。

抵达南极以来，"雪龙"号一头"扎"在这片陆缘冰地带。极昼的南极，太阳虽然不落，但依然有晨昏的光线之别，变幻无穷。洁白的天地间，时常上演一场场无与伦比的华美风光，令人赏心悦目、感动不已。

赤道冷餐会

第30次南极科学考察队归国途中，"雪龙"号上又举办了一场浪漫的赤道冷餐会，庆祝我们从南半球回到北半球。

回家的脚步总是特别轻快，"懂事"的"雪龙"号也是如此。从印度洋回太平洋的途中，船平稳得令我一度很不习惯。历经颠簸后，这种平稳的感觉真令人幸福！

黄昏时分的大海最为瑰丽，夕阳西下，蔚蓝色的大海一望无际，船外气温适宜，清凉的海风拂面，令人神清气爽。去时堆满集装箱的"雪龙"号大舱盖，已顺利运达南极，大家来到舱盖上散步、锻炼身体。在船上的三层甲板上，来自国家海洋局海洋三所的王爱军将一套茶具搬到了舱盖上，颇有情调地开起了海上露天茶室，用保暖水壶给大家泡起了工夫茶。海风习习中，品茗畅谈，令人心旷神怡。

在风平浪静的蓝色印度洋，"雪龙"号还停船一天打扫卫生。水手长唐飞翔带领几名船员拿着粗大的水管，将甲板上海水带来的盐冲洗得干干净净。在船的中部，大洋队考察队员忙着清洗绞车钢缆。船中缆车的钢缆有6000多米长，全部放到海里后，然后再缓缓回收。在回收过程中，一名考察队员拿着水管用淡水冲洗，另外还有几名考察队员则往钢缆上打蜡保养。

船尾有两部绞车，分别有3000米和10000米的钢缆，也要进行清洗保养。不同的是，由于钢缆不同，清洗保养工作是用机器进行的。利用钢缆的下沉，大洋队还进行了本航次最后一次采泥工作。

"雪龙"号干干净净、欢欢喜喜地穿越赤道回到北半球。时而钻进一片乌云下，瞬间就迎来一场急促的滂沱大雨；驶过乌云区，又迎来晴天，阳光灿烂，白云如一朵朵棉花。傍晚时分，天气晴好，夕阳不时从云层中射出霞光。

在这样的美景中，大厨们将烧烤、饮料等美食搬到"雪龙"号中部的大舱盖上，美食美景，相得益彰。大家一起在舱盖上品味着美食，享受超额完成任务的轻松愉快。

如此美妙的经历，令我此生难忘！

❄ 船长王建忠在赤道冷餐会

用镜头与大自然对话

　　纯净的极地，陶冶着每一个踏上极地的人的心灵。20多年的极地报道，锻炼了我的摄影技能，提升了我的工作水平，带给我丰富的人生阅历，更激发了我内心深处的艺术情怀，让我更加珍爱自然、珍爱生命。

❈ 南极美景

第一次参加南极考察的时候，我还是新华社上海分社的文字记者，摄影不是我的本行，当年还没有"媒体融合"概念。作为国家通讯社，新华社分工明确，有专门摄影部，分社也有多名专职摄影记者。尽管为了鼓励文字记者拍照片，当年给我也配发了一部索尼傻瓜相机，但我拍得不多。

南极考察需要进行摄影报道，去总社领一台怎样的相机呢？我曾专门请教了分社的摄影记者。他建议："你们文字记者领一台佳能 G9 就可以了，那是目前顶级的傻瓜相机，足够了。"

于是，在总社总编室的电视电话会议上，我专门提出要配备一台佳能 G9 相机。摄影部当时没有，专门为我去买了一台。我领到手一看，却傻眼了。这么小，实在太不专业，但又不好意思去找摄影部重新领。

怎么办呢？出发之前，热爱摄影的丈夫带我到北京中关村买了一台尼康 D80，配了一个 70-300mm 的镜头，同时把他平时用的一个 18-70mm 的镜头和摄影包都"捐助"给了我。带着这些陌生的摄影设备，我匆匆上路了。

尽管我在中国新闻学院里学过摄影，但这么多年过去了，没有好好拍过照片，许多知识早就还给老师了。于是一路上，我一边拍一边摸索，好在考察队里热爱摄影的人很多，有的人甚至与我的相机是同一型号，所以常常是现学现用。

第一次去南极考察之前，我属于那种喜欢让别人拍照的人，自己对摄影没有兴趣，更没有钻研，而一路拍下来，发现自己开始热爱摄影，开始

思考表现新闻的拍摄角度，开始捕捉人物瞬间的生动表情，开始尝试把南极的美景用相机记录下来。

同时，我也开始领悟，自己拍摄的照片不仅记录了当时眼睛所看到的天地，同时也记录了自己的瞬间心境，以后欣赏品味的时候，能带来许多美好的回忆。这种乐趣，是拷贝别人的照片无法带来的。

在考察过程中，我尽量自己拍摄照片而不去拷贝别人的作品，尽量抓拍眼前的美景而不热衷于拍摄"到此一游"的呆板照片。每次看到好的照片，我都很羡慕。但临渊羡鱼，不如退而结网。在摄影之路上，我还要花很多工夫来学习"结网"的技术。

南极之行后，我再也没有放下相机。

6年后再去南极，我的摄影技术大有进步，所携带的装备也远远超过了第一次。如此精良的装备，能否拍出几张经典照片？心中一直忐忑。一幅好的照片，天时、地利、人和，缺一不可。为了锤炼摄影技术，记得刚一上船，我就拿起相机配上鱼眼镜头，上上下下拍摄了一番。当时是我第一次使用鱼眼镜头，效果夸张得令人欣喜。

第2次去南极拍摄的照片明显上了一个层次，用镜头记录了南极诸多美景。其中《粉红色的南极》系列是我难忘的一组镜头，并入选了新华社当年的年度照片。

冰雪覆盖的南极通常是"白色的大陆"。"雪龙"号抵达南极大陆的时候，正是南极的极昼期间，太阳挂在地平线上，虽然不会落下去，但光线会变得柔和许多。在午夜的阳光映射下，白茫茫的冰面上，就会呈现出美丽柔和的粉红色。

极昼期间，在船上睡觉需要拉上两层窗帘，不过感觉像是在睡午觉，很不踏实。有一天晚上 10 点多，"雪龙"号停泊前方的冰盖方向，忽然来了一股白色的雾气，慢慢地袭向船头，白色的冰原慢慢地笼罩在雾中，朦朦胧胧，仿佛海市蜃楼。

到了晚上 11 点多，太阳好像经过养精蓄锐重新发威，光线开始强起来。白雾慢慢消散，白色的冰原变成了粉红色。红色的"雪龙"号停泊在一片粉红色的中央，美不胜收。在粉红色的冰原尽头，开来了一辆雪地车，越来越近，车上坐满了科考队员，连雪橇上都坐了两名。他们是海冰铺桥的队员，终于完成任务，"深夜"回船了。

午夜时分的南极大陆最为美丽，常常令我留恋，不舍得去睡觉。

还有一天凌晨时分，柔和的光线穿过驾驶台的玻璃窗，照射在驾驶台，极其通透。考察队一天的工作结束了，大多数人都去休息了。趁着这种任何灯光师都难以布置的光线，央视小唐拿着我的 400 毫米定焦"大炮筒"给我和值班的船员拍摄肖像。

哇，效果仿佛像电影大片一样精彩！

极地考察，让我从此热爱摄影，更让我在工作上收获颇多。

2012 年，我拍摄的钓鱼岛照片成为我国出版的钓鱼岛地图封面；中国公务船历史上第一次在钓鱼岛巡航的照片，也是我拍摄的作品，还入选了中学生爱国主义教育读本。

2016 年，我在中国航海博物馆举办了《情深似海——新华社高级记者张建松海洋纪实摄影展》，集中展示了我多年来拍摄的多姿多彩的海洋风光和海洋生物，以及我国航海人坚守海洋、搏击沧海的飒爽英姿，获得诸多好评。

摄影，还让我在文字之外找到了另一种记录人生的方式，一种用镜头与大自然对话的方式。

这些年，在紧张的工作之余，我时常拿起相机，用微距镜头拍摄身边的大自然，在许多人肉眼忽视的地方，用微距镜头虔诚地记录下一个个生机盎然的美好世界。

多年的极地报道，也让我更加深入地思考：生命的本底是什么？每一个人来到地球一趟，人生的本底又是什么？

附录　中国极地考察主要进程图

3次科学考察路线示意图

中 国 极 地 考

Major Milestones in Chinese Nationa

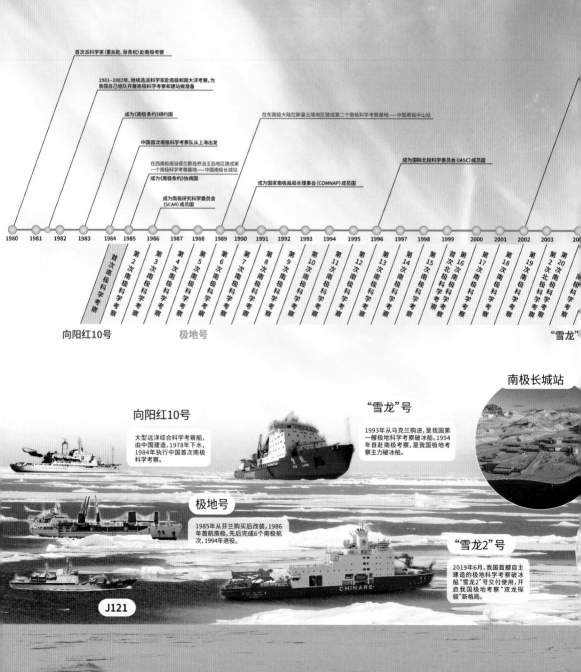

首次派科学家(董兆乾、张青松)赴南极考察

1981—1982年，继续选派科学家赴南极和南大洋考察，为我国自己组队开展南极科学考察和建站做准备

成为《南极条约》缔约国

在东南极大陆拉斯曼丘陵地区建成第二个南极科学考察基地——中国南极中山站

中国首次南极科学考察队从上海出发

在西南极南设得兰群岛乔治王岛地区建成第一个南极科学考察基地——中国南极长城站

成为《南极条约》协商国

成为国际北极科学委员会(IASC)成员国

成为国家南极局局长理事会(COMNAP)成员国

成为南极研究科学委员会(SCAR)成员国

| 1980 | 1981 | 1982 | 1983 | 1984 | 1985 | 1986 | 1987 | 1988 | 1989 | 1990 | 1991 | 1992 | 1993 | 1994 | 1995 | 1996 | 1997 | 1998 | 1999 | 2000 | 2001 | 2002 | 2003 | 20 |

首次南极科学考察
第2次南极科学考察
第3次南极科学考察
第4次南极科学考察
第5次南极科学考察
第6次南极科学考察
第7次南极科学考察
第8次南极科学考察
第9次南极科学考察
第10次南极科学考察
第11次南极科学考察
第12次南极科学考察
第13次南极科学考察
第14次南极科学考察
第15次南极科学考察
首次北极科学考察
第16次南极科学考察
第17次南极科学考察
第18次南极科学考察
第19次南极科学考察
第2次北极科学考察
第20次南极科学考察

向阳红10号

极地号

"雪龙"

南极长城站

向阳红10号
大型远洋综合科学考察船，由中国建造，1978年下水，1984年执行中国首次南极科学考察。

"雪龙"号
1993年从乌克兰购进，是我国第一艘极地科学考察破冰船。1994年首赴南极考察，是我国极地考察主力破冰船。

极地号
1985年从芬兰购买后改装，1986年首航南极，先后完成6个南极航次，1994年退役。

"雪龙2"号
2019年6月，我国首艘自主建造的极地科学考察破冰船"雪龙2"号交付使用，开启我国极地考察"双龙探极"新格局。

J121

察 主 要 进 程

tic and Arctic Research Expeditions

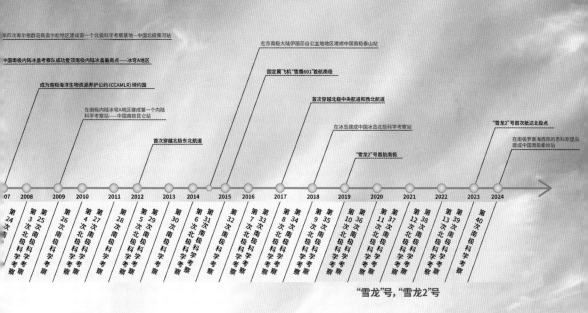

斯匹次卑尔根群岛新奥尔松地区建成第一个北极科学考察基地—中国北极黄河站

中国南极内陆冰盖考察队成功登顶南极内陆冰盖最高点—冰穹A地区

成为南极海洋生物资源养护公约(CCAMLR)缔约国

在南极内陆冰穹A地区建成第一个内陆科学考察站—中国南极昆仑站

首次穿越北极东北航道

在东南极大陆伊丽莎白公主地地区建成中国南极泰山站

固定翼飞机"雪鹰601"首航南极

首次穿越北极中央航道和西北航道

在冰岛建成中国冰岛北极科学考察站

"雪龙2"号首航南极

"雪龙2"号首次抵达北极点

在南极罗斯海西岸的恩科斯堡岛建成中国南极秦岭站

07 | 2008 | 2009 | 2010 | 2011 | 2012 | 2013 | 2014 | 2015 | 2016 | 2017 | 2018 | 2019 | 2020 | 2021 | 2022 | 2023 | 2024

第24次南 | 第3次南极科学考察 | 第25次南极科学考察 | 第26次南极科学考察 | 第4次北极科学考察 | 第27次南极科学考察 | 第28次南极科学考察 | 第5次北极科学考察 | 第29次南极科学考察 | 第30次南极科学考察 | 第6次北极科学考察 | 第31次南极科学考察 | 第32次南极科学考察 | 第7次北极科学考察 | 第33次南极科学考察 | 第8次北极科学考察 | 第34次南极科学考察 | 第9次南极科学考察 | 第35次南极科学考察 | 第10次北极科学考察 | 第36次南极科学考察 | 第11次北极科学考察 | 第37次南极科学考察 | 第12次北极科学考察 | 第38次南极科学考察 | 第13次北极科学考察 | 第39次南极科学考察 | 第40次南极科学考察

"雪龙"号,"雪龙2"号

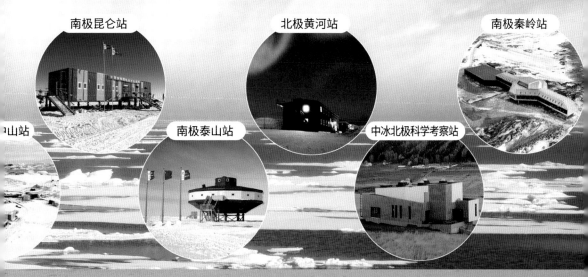

南极昆仑站

北极黄河站

南极秦岭站

山站

南极泰山站

中冰北极科学考察站

（来源：中国极地研究中心）

第24次
南极科学考察

起航

上海

韩国济州岛

阿根廷布宜诺斯艾利斯

琉球群岛附近海域

德雷克海峡

苏拉威西海

长城站

返航

赤道

中山站

望加锡海峡

南极圈

澳大利亚弗里曼特尔港

龙目海峡

第**4**次 北极科学考察

上海

起航

厦门

韩国济州岛

乘坐直升机抵达北极点

日本海

"雪龙"号抵达
北纬88度22分

北纬83度

鄂霍次克海

北纬86度55分
建立"长期冰站"

北纬81度

返航

白令海

北纬74度

北冰洋

楚科奇海

北极圈

第30次
南极科学考察

起航
上海

赤道

阿根廷乌斯怀亚

南印度洋
搜寻马航MH370

澳大利亚弗里曼特尔港

德雷克海峡

返航

中山站

欺骗岛

长城站

首次环南极航行

罗斯海恩克斯堡岛

南纬66度52分、
东经144度19分救援被困的俄罗斯船